THE TOP 1%

HABITS, ATTITUDES & STRATEGIES FOR EXCEPTIONAL SUCCESS

頂層1%的致富秘訣

DAN STRUTZEL

U0538926

丹・斯特魯策爾 著

嚴麗娟 譯

獻給我的妻子艾爾維亞，及三個孩子凱拉、傑瑞米和肯頓，
還有我的父母弗雷德與琳恩，他們的愛和智慧為我奠定基礎，
才能寫出這本書。

目錄

引言

我是美國名人戴夫有限公司（Famous Dave's of America, Inc.）的創辦人及名譽主席，有幸在事業及個人層面上都非常成功，而我也愈來愈關切美國頂層1％所受到的強烈批評。把現狀加油添醋成1％與99％之間的「戰鬥」，不僅為社會帶來反作用，也可說是大錯特錯。實情則是，許多跟我一樣的企業家、高層主管、銷售人員、運動員、醫生和律師等專業人士，與許許多多財務方面極為成功的人，都鮮少想到自己屬於叫作「頂層1％」的團體。最常見的迷思說，1％能夠蓬勃發展，都是踩在99％的不幸上，這是非常嚴重的誤解。正好相反，大多數高績效的人一心只想為他們的顧客、選民和股東提供非常高的價值。我們活著，是為了創造及給予價值——而不是奪取。我們醒著的時候，無時無刻不殫精竭慮，思考如何創造出全然原創的事物，讓人感到快樂——而不是如何「勝過」其他人以求取成功。

我從小家境不富裕，成績不佳，還有學習障礙，最終我都克服了，並實現了美國夢——我可以向你保證，我的動力並不是為了加入人類的菁英階層。將我熱愛的東西推廣給全世界，讓數百萬人能享用這樣東西，就是我的動力；而我的最愛便是美味的烤肉。如果我能加入這個「頂層1%」，只有一個理由，就是我想服務99%的人。我的人生故事可以用這樣一句話來總結：「我學會了並使用你將會在這本書裡看到的先知卓見和工具，把我家後院燒烤的食物變成價值五億美元的餐飲帝國。」

那就是為什麼我要推薦我的朋友丹．斯特魯策爾這本簡單卻價值非凡的著作《頂層1%的致富秘訣》。本書的目的不是為了加深1%與99%之間的分歧。這本書並不垂涎菁英、富人和名人的生活風格，絲毫未提他們遙不可及的鍍金成功故事。那不是我心目中的成功模式，我認識那些收入在頂層1%的人大多也不會覺得有吸引力。在這本難能可貴的小書裡，你會發現你心目中以為的頂層1%特質幾乎都是迷思。你會察覺成功的真相很簡單，但99%的人想不到，而且對極為成功的人來說，他們的動機主要是為了服務其他人，並非來自銀行戶頭數字後面有多少個零。你會發現，不論目前財務成就的高低，養成與頂層1%同樣的習慣，每個人都可以獲益。

再來則是最棒的地方。丹會讓你看見，除了賺取像頂層1%的收入，也要在生命極為重要的領域裡成為頂層1%——包括友誼、家庭、社群。按著這樣的精神，丹告訴讀者，不論你的收入是頂層1%、5%、50%，還是90%，生命中最重要的事物都一樣。

我可以向你保證，在這趟走向頂層1%的旅程中，丹是最好的嚮導。我終生熱愛個人發展與成就的方案，我認識丹的時候，他在南丁格爾－科南特集團（Nightingale-Conant Corporation）擔任出版事業副總裁，這個集團在個人發展智慧方面是全球首屈一指的出版社。他為這個領域中最優秀的作者及講者出了很多書，包括東尼．羅賓斯（Tony Robbins）、瑪莉安．威廉森（Marianne Williamson）、布萊恩．崔西（Brian Tracy）及已故的約翰．坦伯頓爵士（Sir John Templeton）。在南丁格爾－科南特集團任職二十五年，關於成功與個人成就，他不斷接觸到一流的想法。我親眼見證，丹靠自己的努力成為知識淵博的思想家及動力十足的演說家。在我的「企業領導力生活技能中心」舉辦慈善晚會時，我邀請他來演講，他提出了很多你會在這本書裡看到的想法。當晚場地水洩不通，聽眾有剛畢業的學生、正在職涯中期的人，以及高齡的嬰兒潮世代，他們聽得入迷，深受感動，也得到深刻的啟發。讀完這本書，你就懂了。

我們活在不確定的時代，很多人納悶美國夢還有沒有可能實現。我相信正是在這些充滿挑戰的時候，最偉大的機會才能被創造出來。正如丹說，你的旅途從一個簡單的決定開始。從出身卑微到過著熱愛的生活，我可以誠實說，你永遠不會後悔投資買這本書的決定。

祝大家成功。

「名人」戴夫．安德森，美國肋排王

1 改變一生的決定

我想邀請你踏上一段旅程——你這輩子最有意義、為生命帶來重大改變的旅程。大多數人夢想著踏上這趟旅程，但也有人寧可不參與。但是，如果我的表現稱職，讀完這本書，我就能讓你相信，踏上這趟旅程的決定就是你生命中的轉折點——變得更好。這趟旅程的目的是成為國內頂層1％的收入人士與財富生產者。走上這條通往頂層1％的路，不光是變得好一點或遵循成功「傳統的」規則就可以了。遵循熟悉的成功公式，你只能成為頂層20％的收入人士。

為了達到頂層1％，你必須走上偉大詩人羅伯・佛洛斯特（Robert Frost）所說「人跡罕至的路」。由於人跡罕至，整體說來，也少有地圖或路標在旅程上給你指引。在這本書裡，我會為你清楚畫出地圖及識別路標，你可以任意使用所有的工具，不光是走完這段旅程，還能順利到達你想去的地方。

儘管頂層1%最明確的標誌就是淨值或收入，因為這些東西最容易衡量，但我寫這本書的目的並不局限於金錢。每個人都可以說出幾個不快樂或沮喪到極點的富人，他們經歷過一長串破碎的關係，沒有時間讚嘆自己努力的成果。我們的目標是讓你進入頂層1%，不光是收入，你心目中定義的快樂與成就感也要是頂層1%。有些人可能希望有時間去旅行。有些人則展望享受快樂的婚姻生活，有些人則希望成為給孩子正面影響的父母。也有人心懷慈善事業，想投入一定的時間和資源。不要把時間和精力只放在金錢以及錢能買到的東西上，而忽略那些能提供金錢買不到的豐厚回報的生活領域。

也別忘了開展這趟旅程的首要理由。能學到這個很重要的區別，我要感謝已過世的個人發展演說家及哲學家吉姆．羅恩（Jim Rohn）。他說，設定目標達到富含進取精神且不常見的成功層次，不光是為了因此得來的財富、聲望及影響力，而是在達到目標的過程中你會變成什麼樣的人。為了達到這種層次的成功，除了很會賺錢，還有其他的條件——可以說金錢其實只是一項副產品。重點是，你必須具備很多能力，例如自律；不論遇到什麼障礙都竭力完成目標；能夠提供非凡的價值給其他人；贏得他人的信任；培養長遠的眼光；發展出高度的自信心；即使只有少數人有共同的展望，也堅信自己的目標；與願意改變世界的高品質、正面人士來往；以此類推。說真的，努力加入頂層1％或許是你這輩子能做的最好的一件事，確保你在地球上能完全發揮上蒼賦予的潛能。

有人可能會問：為什麼要付出這麼多、放棄那些輕鬆享樂的週末，或冒著被嘲弄或失敗的危險？為什麼要放棄那看似安全又有保障的工作？為什麼要加入這種似乎不得美國媒體及整體文化歡心的團體？為什麼？要回答這一組「為什麼？」，最好的答案就是另一組「為什麼不？」。為什麼不把你在地球上這段生命的寶貴時光用來設定一個目標，不論能否達成，這個目標都能將潛能發揮到超乎夢想的地步？為什麼不成為那個人，有機會為數百萬顧客、幾千名員工，以及你所愛的人（這是最重要的）創造出無限的價值？為什麼不用人生接下來這五年看看能賺多少錢、能增長多少技能、能增加多少自信心、能增生多少恢復力、能提升多少生產力，以及如何發展激勵與影響其他人的能力？請記住，不論你決定要走異乎尋常的路線，還是要走一般的路線，接下來的五年都會過去。

一個令人打顫的事實：今天正是五年前的未來。什麼意思？很簡單：五年前，你或許在想五年後的人生會是什麼樣——當時可能覺得是很久以後的事。今日就是你當時夢想的未來。你喜歡現在這個目的地嗎？能做什麼改進？如果五年前，你做了要加入頂層1％的決定，會有什麼不一樣？我猜測，你可以想到生活中有好幾個領域會因為這個決定而變得更好。

好，來聽好消息吧。你有另一個機會可以做這樣的決定。現在你夢想五年後的未來必然會到來——就和今日到達的速度一樣快。就一個問題：五年後，你會到達一個令自己覺得很驕傲的目的地嗎？到達那個目的地的過程是否讓你變成一個更強大、更快樂、更有善心、更健康、更富裕的人？

此時此刻，不論你在哪裡，我想邀請你做這個決定。不要隨隨便便或不經意地進行，然後就快快樂樂去做其他的事情。如果正在開車，找個地方停下來。如果正在運動、煮飯、打掃、從事戶外活動、遛狗——不論在做什麼——先暫停一下。深呼吸，把注意力放在自己身上。認真專心思考你將要做的決定。偉大的個人發展大師東尼．羅賓斯說，決定表示「除了達成結果，排除其他一切可能」。你要做的，就是那種決定。如果你準備好了，開始吧，做那個決定。如果你對如何加入頂層1%的書有興趣，我非常肯定你已經準備好要做決定了。所以，別再拖延。走吧，做這個決定。

現在，你做了決定，用今天剩下的時間來慶祝和觀想五年後你會有什麼感覺，你那時已經達成目標，上升到頂層1%的財富生產者、收入人士並為世界貢獻價值。享受那個景象。今晚，就好好睡一覺吧。因為明天就要努力了。明天，將是五年旅程的第一天。你在這裡學到的想法會用在你的旅程上，幫你成功到達目的地。

我要提供的工具便是加入頂層1%的想法、技巧和策略，在開始前，我想先自我介紹，以及我為什麼有資格提出這麼大膽的主張。讀者已經看過了名人戴夫・安德森的介紹，我想大家應該自問好幾次，「丹・斯特魯策爾是誰？為什麼我該信任他，讓他教我加入頂層1%的必備條件？」

很合理的問題。事實上，我不是那個坐在山頂上的人，已經成功來到頂層1%的目標，告訴大家我究竟做了什麼，所以你可以採用同樣的步驟來邁向成功。首先，達到頂層1%是很重要、很複雜，也很有野心的事，我不相信能用過分簡單的

「X步公式」。功成名就有許多途徑，每個人的路都不一樣。但我確實相信成功有原則和指引，可以研究，就像我們必須研究美式足球比賽的規則。知道了這些規則與指引後，有數百萬種不同的方法可以研擬策略，贏得美式足球比賽。

第二，我跟你一樣，也正在這段旅程上。寫這本書時，我尚未達到頂層1%的這個目標，但我正在努力。我用的方法跟在這裡分享的完全一樣。我們都在這段旅程上，我是你的旅伴。這就是「言行一致」的真實意義。我希望，如果有機會碰面或互動，你會同意我確實「言行一致」。

我教授這些材料的資格來自超過二十五年的職業生涯，曾與數百名作者、企業所有者及投資者合作，他們都是已經加入頂層1%的成員。我在南丁格爾－科南特集團擔任出版事業副總裁有很多年的經驗，這個集團營運超過五十五年，為舉世知名的個人及業務發展出版社。目前我是靈感工廠（Inspire Productions）的創辦人及執行長，協助組織和作者在多個平台上創作、製作及行銷高品質的個人發展內容，鼓舞未來的世代。在這個競技場上，我與一些最出名的作者直接合作，例如已過世的吉格・金克拉（Zig Ziglar）、東尼・羅賓斯、布萊恩・崔西、瑪莉安・威廉森、吉姆・羅恩、丹尼斯・魏特利、馬克・維克多・漢森、已故的偉恩・戴爾（Wayne Dyer）及拜倫・凱蒂（Byron Katie）。再者，我密切合作的對象也有成功的投資者與財富創造者，例如哈利・鄧特二世、羅伯特・清崎（Robert Kiyosaki）、莎朗・萊希特（Sharon Lechter）、多夫・狄羅斯（Dolf de Roos）、麥克・沙米（Mike Summey）、大衛・巴哈（David Bach）、瑞克・艾德曼（Ric Edelman）及約翰・庫穆塔（John Cummuta）。攜手協作的對象也有很成功的組織，他們用我在企業裡教導的原則，培育出達成頂層1％的世代，例如卡內基訓練（Dale Carnegie Training）、金克拉公司（Ziglar Corporation）及拿破崙・希爾基金會（Napoleon Hill Foundation）。我分享的資訊除了來自我仔細的研究和生活體驗，也來自這群非凡個人及組織的集體智慧，他們為我的生命帶來美好的祝福。

說到底，我在這裡傳達給讀者的價值基本上都出於你的努力，應用學到的想法在生活中產生成果。我自認是諸位的教練——協助大家創造和生產高價值的人生，將那樣的價值分配給數百、數千，甚至數百萬你會在旅程中遇到的人。那麼，上路吧。

2 頂層1%的迷思與真相

如果你對加入頂層1%懷有破壞性的信念，旅程的第一步就是幫你消除這些信念。來認真面對核心的真相：過去幾年來，美國有不少公關活動，要大家相信有關頂層1%的幾個迷思。為達成目的，媒體創造了1%與99%之間的虛假分隔。他們給大多數人一個標靶，把焦點放在生命可能經歷的一切挫折，強調他們自認無法成功，至少無法達到他們想要的等級。似乎每個星期都會有人看到這樣的文章、聽到這樣的訪談，或看到抗議，頂層1%如何毀滅美國、壓制99%、操弄經濟以對自己有利。

南丁格爾－科南特集團的創辦人之一是偉大的厄爾・南丁格爾（Earl Nightingale），他曾說：「我們心裡想什麼，就成為什麼樣的人。」由於媒體、政客、智庫及學者對頂層1%不斷抨擊，很多人的腦袋裡不知為何生出不願加入頂層

1%的想法，即使這樣的念頭極其輕微，只存在於潛意識，他們認為達成這個目標會讓人失去朋友、拋棄個人的價值觀、得不到他人的喜愛。實在是大錯特錯。

有幾個迷思讓眾人對頂層1%困惑不已，也讓人以為頂層1%的成員是美國文化中每一個重大問題的源頭（在此插入你最重視的問題）。我要提出五個最顯眼的迷思，詳細解釋每一個迷思大錯特錯的地方在哪裡，希望能改變大家對頂層1%可能會有的負面信念，更希望能給大家更多的理由，在想加入頂層1%時有正面的感受。

一號迷思：

頂層1%就像現代的貴族：是固定的一群人，在一生中能持續賺取很高的收入。

這或許是最常見、最多人認同的迷思，因為一般人就想把事情分成單純的黑或白、不是這樣就是那樣的類別。媒體也更能挑起頂層1%與99%之間的意識形態戰爭——如果是「我們對他們」的二分法，你可以清楚看到自己屬於哪個團體。但是，如同生命中大多數的事物一樣，真相並沒有那麼簡單。根據CNNMoney.com

的資料，在二〇一一年，要進入頂層1％，調整後的家庭總收入要有三十八萬九千美元。

再看統計資料，二〇一五年，這筆家庭收入增加到大約四十萬美元，遠低於大多數人認為要有數百萬美元才能進入頂層1％的假設。但是，CNNMoney.com還挑明驚人的事實：「在高收入納稅人的專屬俱樂部裡，很少人能終身保有資格。」實情是頂層1％的輪替非常頻繁。成員資格轉瞬即逝，很多人因為某筆橫財而暫時彈射進納稅額在頂層1％或甚至頂層0.5％的圈子，例如出售企業或某一筆資本利得的效益。

事實上，在一九八七到二〇一〇年間取任何十年，頂層1％納稅人中有將近百分之六十撐不到第十年就掉出榜外。上述數字來自美國財政部的研究。稅務基金會（Tax Foundation）則發現：在一九九九年到二〇〇七年間，收入超過一百萬美元的人中約有一半僅有一年申報那麼高的收入。

收入自然與淨值和財富很不一樣，有些人會儲蓄和投資，有些人把賺來的錢全花掉，甚至入不敷出，但道理都一樣。很多在別人眼中屬於99％的人在一生中或許會有兩三次進入頂層1%，然後離開。把頂層1%看成一個群體的話，很難把美國文化問題中關於收入分配及其他的相關問題都集中在這1%上——因為每年群體內的成員都會變動。頂層1%其實是個流動的群體，界線很薄弱，有人進來也有人出去。幸好是這樣——因為本方案的目標是讓你打入那個群體，然後能待愈久愈好。

二號迷思：

頂層1%能成功，主要是因為運氣好，有政治人脈等等因素。

這個迷思或許是最普遍的，也最容易讓人相信——因為基本上讓99%的人免除了個人的責任感。這種想法會讓人覺得很安慰，「要是我有同樣的機運、生在同樣的家庭裡、有同樣的信託基金、運氣夠好能選中經濟正確的時間點開創生意——諸如此類——我也可以那麼成功。」

這裡有幾個重點：

1. 運氣確實在每個人的生命中都佔有一席之地——不僅限於頂層1%的成

員。可以說，已經碰見配偶或另一半的人都很幸運，在美國出生很幸運，能克服重重難關還活著也很幸運。確實，運氣會影響每個人的人生。這裡我們要問，運氣是不是主要的影響。

2. 別忘了運氣是雙向的。運氣有可能讓你更成功，但也有可能提高失敗的機率。我很喜歡看大學美式足球比賽，和我一樣的球迷或許還記得二〇一四年奧本對阿拉巴馬那場球賽令人難以置信的結局，阿拉巴馬在最終跑陣時嘗試射門，進了就贏得勝利。球沒進，回到奧本大學手上，在時間緊迫的情況下以不可思議的比分贏得比賽。是奧本運氣夠好，適時適地贏得比賽？抑或阿拉巴馬運氣不好，不光錯過射門得分，運氣還差到讓球落進奧本球員的手裡？一個人的幸運是另一個人的不幸。

3. 最重要的是，運氣從來不是個人成功的主因，因為不能光憑運氣就將一個人送入頂層1％。參賽者做好準備，在重要的比賽中一心取勝，而運氣至多只提供主要的助力。懶洋洋坐在沙發上消磨時間的人不會被運氣帶進高層主管的辦公室；運氣也不會增生未用於投資的一塊錢。但在領英上寫了良好傳略、有抱負的年輕雇員會被運氣送進高層主管的辦公室，因為他的上司突然（或「幸運地」）決定離職。投資的一塊錢或許「幸運地」投在恰當的股票上，運氣也讓這一塊錢翻了好幾倍。就這個意義來說，運氣從來不是成功的主因，因為你必須冒險，必須朝著明確的目標努力，才能啟動運氣。有句話說，運氣是「準備狀態與機會的相遇」。在這個例子裡，「準備狀態」是成功的主因，因為準備好了，才會注意到機會，並加以利用。

《幸運的配方》（*The Luck Factor*）的作者李察・韋斯曼（Richard Wiseman）博士有另一個說法：「幸運的人透過四個基本原則生出他們自己的好福氣。他們善於創造及留心稍縱即逝的機會，聆聽直覺做出幸運的決定，透過正面的期待創造自我實現的預言，並採納堅韌的態度，將壞運氣轉成好運氣。」

注意他的定義有多大程度在個人的控制範圍內：善於、聆聽、創造、採納堅韌的態度。這些都是主動的詞語，意思也與一般人想像的相反，世界上真正「幸運的」成功人士都是主動計畫得到好運的人。

三號迷思：

頂層1％的大多數人生下來就有特權，對99％的奮鬥一點概念也沒有。

這個迷思確實看似真實，主要因為我們認為屬於頂層1％的人絕大多數都只能在電視或電影上看到。可能有名人、電影明星、專業運動員、政治人物、實境節目明星等等。我們認為這些人都是養尊處優的千萬富翁，住在鐵柵包圍的社區裡，開著要價數十萬美元的布加迪和藍寶堅尼超跑，有隨叫隨到的私人健身教練及整形外科醫生，從未涉足雜貨店或加入排隊的人龍。

這個對頂層1％的看法完全錯誤。事實上，這個頂層1％的誇張畫像只代表頂層1％中的頂層1％。百萬暢銷書《原來有錢人都這麼做》（*The Millionaire Next Door*）的作者湯瑪斯·史丹利（Thomas Stanley）告訴我們：在美國，絕大多數富有及成功的人士住在中上層的中產階級社區，開二手或非豪華品牌的美國車，並且是「第一代富人」——因為他們不是大型信託基金或遺產的受益人。

話說回來，頂層1％與99％差距最大的領域則在於他們的花費和儲蓄習慣。簡言之，頂層1％相當節儉，（與99％相比）錢多半花在會增加價值的東西上，收入的儲蓄比例也很高，介於百分之二十五到五十之間。

到這裡，你應該懂了，加入頂層1％在大部分情況下是選擇。這個選擇會延遲個人的享樂，在近期的生活方式上必須做出不少犧牲，好讓長期的生活方式享有最高程度的自由。或者，正如吉姆．羅恩所說：「用最快的速度把該做的事做好，就可以用剩下的時間盡情去做你想做的事。」

細看在頂層1％的人，你一定會發覺，大多數成員能到達那個里程碑，是因為多年的犧牲和延遲享樂。真相是，他們大多數人要是活得像其餘的人一樣，可以過得更享受，在年輕時有更多空閒的時光。那是因為有百分之九十五的人花費超過收入，用信用卡支付他們付不出的款項，購買或租賃自己買不起的汽車，而且一點也不節儉。舉例來說，他們每天去星巴克買一兩杯拿鐵，而不是自己準備咖啡。總有例外狀況讓特權的這個迷思在美國文化裡得以延續。大多數人因此無法察覺令人不快的事實：如果99％的大多數人只是做出艱難的選擇，延遲享樂，讓花費低於收入，並利用我們剛討論到的其他想法，他們也可以加入頂層1％。

四號迷思：

頂層1%只想著保護自己，不提供價值給99%。

這就是我所謂關於頂層1%的「政客迷思」。每到選季，政治光譜兩側的民粹主義者都會把這個迷思展示給大眾。你也知道這首歌怎麼唱：「美國經濟創造出的金錢和價值都直接流向頂層1%，其餘認真工作的人（99%）什麼都拿不到。」彷彿頂層1%的目的就是被動吸取美國所有的財富，像個巨大的真空抽吸裝置，並築起高牆躲在富裕的社區裡，完全不在乎其他99%的人怎麼活。

這種角色塑造不僅具攻擊性，引發不和，也大錯特錯。真相是，在自由市場的經濟中，大多數人要讓其他人變得富裕，自己才能變得富有；而且無論你對政府監管有什麼看法，美國毫無疑問仍是世界上最強大的一個自由市場經濟。當然還是有一些異數——色情產業、詐騙分子及黑市毒販——但他們就只是異數。在美國經濟中，頂層1%的絕大多數人必須傳達極高的價值給其餘99%，才能實現目標，價值的比例可能遠超出他們的財富。

要怎麼證明這一點？首先，我們可以將現今窮人、中產階級與上層中產階級的生活標準和三十年前做比較。史蒂芬・摩爾（Stephen Moore）、亞瑟・拉弗（Art Laffer）及彼得・塔諾斯（Peter Tanous）在合著的傑作《繁榮的盡頭》（*The End of Prosperity*）中指出：「今日，大多數經濟拮据的人擁有前人眼中的奢侈品，例如洗衣機、乾衣機、冰箱、微波爐、彩色電視、空調設備、立體聲音響、手機，和至少一輛車。令人訝異的是，今日擁有這些消費品的拮据家庭比例比一九七〇年的中產階級更高。」你能不能想像一個典型的中產階級青少年居然沒有用來做作業和看網飛的智慧型手機和筆記型電腦？這些產品和服務現在都以極低廉的價格提供，從電腦和智慧型手機等科技器件，到家用電器，到經濟實惠的「快速慢食」用餐選擇，都由頂層1％中充滿創新想法的企業家開發出來。華倫・巴菲特（Warren Buffett）最近才說過，「今日出生的嬰孩是歷史上最幸運的一批。」

巴菲特又說：「美國的人均國內生產毛額現在大約是五萬六千美元。去年我提過，那個數字以實際價值計算是我出生的一九三〇年的六倍，非常驚人，這一躍遠超過我爸媽或同時代人最瘋狂的夢想。跟一九三〇年的美國人相比，現在的美國人民本質上並不比他們更聰明，且未更努力工作。而是工作的效率比較高，因此產量大大提升。這種強大的趨勢一定會持續：美國的經濟魔力依然充滿蓬勃的生氣。」

簡言之，不論是什麼階級，每一個美國人都得到了別人創造的價值。

五號迷思：頂層1％主要都是被動投資者，不需要為生活賣力。

這個迷思在我們的社會裡非常普遍，從電影和書籍，到我們自己的幻想，都認為富裕到能進入頂層1％的人應該是這個樣子。有人想像這些人有大量的資金用於投資，賺取豐厚的被動收入，而他們在遊艇和游泳池、高爾夫球場、滑雪小屋、灣流噴射機和昂貴的餐廳裡消磨時間。

實況則是：冗長的工時、壓力重重、睡眠不足，並錯過家庭的聚會。紐約大學社會學系系主任道爾頓．康利（Dalton Conley）說：「現在壓力最大的是富人，最有可能花最多時間工作。或許，自我們開始追蹤這些情況以來，第一次看到高收入者的工時比低收入者更長。」

此外，經濟學家彼得・庫恩（Peter Kuhn）及費南多・羅查諾（Fernando Lozano）的研究顯示，自一九八〇年以來，收入等級最低的那五分之一且長時間工作（定義為每週超過四十九小時）的男性人數減少了一半。同時，等級最高的那五分之一收入者長時間工作的人數增加了百分之八十。因此，毫無疑問，1%的大多數人都為了謀生而工作——只是他們的工作內容和方式與大多數人不一樣。

我會在這本書裡揭露許多關鍵的差異。此外，也要介紹幾個想法，除了賺得豐厚的收入，也要過得好及慷慨付出。畢竟，如果成功不會讓你的生活及家族和社群的生活更富裕，好在哪裡？那就是我要與大家分享的頂層1%的展望。

上述迷思構成了虛假的信念，會妨礙你追求那個目標的意願，消除這些迷思後，是時候給自己一些令人信服的理由，提高達成目標的迫切感。再次引用我的導師吉姆・羅恩常說的話：「如果有足夠的理由，你為自己設立、符合實際的目標都能達成。」如果你能讓你的理由變得很強、很有說服力，你會很驚訝夢想這麼快就變成現實。

在這一章結束時，我們來踏出重要的一步：我要你拿出筆記型電腦或平板電腦，甚至是老式的黃色記事本和原子筆或鉛筆也可以，寫下五個理由，為什麼加入頂層1％會讓你和周圍的人過得更好。同樣地，讓你的每個理由盡可能有說服力、生動性、情緒性和具體性。這是你寫得很清楚的理由，注入了情緒，把你拉向目標的速度會超乎你的想像。如果你想不到令人信服的理由，請繼續讀下去。下一章我會介紹適用於每個人的理由，為什麼每個人都應該有加入頂層1％的動機：事實上，自在、「平庸」的生活今日已不復存，這個現象在不久的將來會更為明顯。

3 再見，平庸世代

在現代社會裡追求卓越的必要性

已過世的厄爾・南丁格爾創立了南丁格爾－科南特集團，他是這個時代最偉大的一位個人發展思想家。他的節目《領域中的霸主》（*Lead the Field*）是史上最賣座的有聲課程，別稱「總裁課」，因為多名曾擔任執行長和總裁的人認為他們的成功有一部分可以歸功給課程中的想法。

之前擔任南丁格爾－科南特的高層主管時，我很榮幸能幫忙出版及行銷厄爾・南丁格爾許多非常棒的想法，我仍認為他給了我很好的啟發，也視他為導師。然而，我覺得很有意思，多年後再回到像《領域中的霸主》這樣偉大的經典作品，並反思這些課程有哪些雋永之處，以及二十一世紀的世界變了多少。

設定與達成目標、發展積極的態度、行事正直、追求卓越，及管理個人的時間，這些普遍的想法都是永恆的真相，在個人發展的戰略中一定佔有一席之地。但常見的情況是，這些想法的表達方式及底層的假設會隨著時間推移而改頭換面。在現代個人發展的偉大經典中，《領域中的霸主》最早於一九四〇年代問世，拿破崙・希爾（Napoleon Hill）的《思考致富》（*Think and Grow Rich*）於一九三七年出版，戴爾・卡內基（Dale Carnegie）的《人性的弱點》（*How to Win Friends and Influence People*）則在一九三六年出版。《領域中的霸主》最近的更新版在一九八〇年代早期出版，就在厄爾・南丁格爾過世前兩年。

雖然八〇年代的世界與六〇年代很不一樣（就社會習俗、變動步調等方面來看），我覺得大家應該都同意，與我們這一代體驗到的變動相比，其他時期的變動步調可說微不足道。雖然有人在爭論重大創新的程度是否加速了，但確實有更多人感受到變化的衝擊比以往更快。這些快速的變化，尤其是科技變更，速度快到難以一一數算它們對人類生活有哪些正面和負面的衝擊。我們需要時不時往後退一步，從離地一萬五千公里的高度審視生活，看看人類對社會和技術變遷的適應對自身有什麼影響，並做出有意識的選擇，讓我們能過著符合價值觀和目標的生活型態。

我的朋友肯·布蘭查（Ken Blanchard）著有《一分鐘經理》（*The One Minute Manager*）及許多暢銷書，多年前他分享了一句他認為是愛因斯坦說的話。愛因斯坦說：「電話被發明了，不是很好嗎？因為我可以跟搬到鄰鎮的阿姨聊天。但是話說回來，要是沒有人發明電話，或許她就不會搬家了。」他這句話描繪了每一項科技變革的重點，有得也有失。在採用新科技的時候，也就是現代人生活中的新變化，也一定要同時思索得失。

考慮到這一點，我在這本書裡主張，有一些成功的想法必須要改變，來適應現今的時代，想加入頂層1%的人請特別注意。來自上面經典作品的傳統成功想法依然具備正確的本質，但應用的方法就不一樣了。也有其他的想法需要考慮，因為這些想法反映當前已經變化很大的社會。簡言之，如果這些成功的巨人——厄爾·南丁格爾、拿破崙·希爾、戴爾·卡內基——都還在世，他們會怎麼建議別人去達到非凡的成就？這就是本書的用意。

最近讀了一本書，完美囊括如今變得非常不一樣的當代社會及市場。書名是

《再見，平庸世代》（*Average Is Over*），作者泰勒．柯文（Tyler Cowen）是喬治梅森大學的經濟系主任。在這本書裡，我會推薦幾本書給讀者，這就是第一本。如果你沒看過這本書，買一本，趕快開始讀。書中涵蓋「智慧世界裡的工作及薪資」、「賺大錢的人」（差不多等於本書的頂層1%），及這個經濟中會變成「大輸家」的專業，還有「工作的新世界」以及在其中成功的方法。

重點是，在全球化的行動世界裡，自動化取代了人的工作，事業軌道再也不是一條直線，甘於平庸的選項已經消失。柯文認為，賺大錢的人，包括許多頂層1%的成員，「提高利用機器智慧的程度，得到更好的結果。同時，每個行業用的人工愈來愈少，表示位於中間的穩定、安全生活——平庸——已經結束。」

下面是該書很重要的一句引言，供讀者進一步深思：

> 坦白說，人類正將大腦的某些部分外包給機械裝置，而這件事確實已經執行了幾千年，例如書寫工具、書本、算盤或現代的超級電腦。因應這些發展，我們可以把注意力放在機器無法帶給我們的技能上。

在最後一行，便是本書討論頂層1％的使命——集中你的精力去取得機器無法帶給人類的習慣、態度和策略，享有非凡的成就。機器可以幫我們追蹤目標、管理金錢，甚至能管理人類的健康資料，但機器不能告訴我們應該追尋什麼目標，哪些事情要設為優先；機器無法提供我們有魔力的個性能留下的獨特印記，以及對客戶需求的敏感度。別忘了，我所謂非凡的成就不只是財務成功，而是成為一個全面發展良好的人。

科技的世界持續讓人無暇顧及個人成功的真實重點，因此我要分享更跟得上時代的想法。過去經典作品裡舉出的成功想法所產生的時代認為追求卓越是個不錯的「選項」。第二次世界大戰後的經濟是中產階級不斷蓬勃發展的時期，生活步調穩定，愈來愈多人的收入以美國史上最快的速度成長。過著一般的生活就很舒適，工作穩定，生活方式在可以負擔的範圍內，不太需要擔心自己的工作被機器或外國的工人取代。

那種年代已經結束了。今日就各方面而言，努力變得出類拔萃（也就是加入頂層1％）反而是更容易的選擇。做其他的選擇，會讓你受制於更不穩定、更不確定、壓力更大的人生。我已經說過，即使達不到目標，投入努力仍會讓你變成更有成效、更滿足的人。因此，有別於過去關於成功的書籍，我鼓勵大家不要把這些想法視為選擇——後面介紹的想法該視為必需品。只有這些事是人生中不可或缺的，必須按計畫完成，終究也只有這些事能讓我們活得更好。

下面的資訊用簡短的章節呈現，讀者可以迅速讀完，並隨時回來複習。我不會列出成功所需的每一個想法，只會提出我覺得我有資格完整介紹給讀者的想法，我也相信對你們最有幫助。

當然，這些想法也不全是我的原創。在個人發展的產業工作多年，我把學到的最佳想法提煉成這本書。和我的朋友肯．布蘭查一樣，我認為自己是「編織者」——將所有學到的想法織成一塊適合我的掛毯。在思索這些極佳的想法時，我建議你採取同樣的原則。你一定會覺得某些想法比較好，也會發現某些想法比較實用。但從這本書得到的真實價值便是仔細編織每個想法，一股一股織成你獨有的掛毯。目標是讓這本書變成你的——打造出屬於你的一組目的和目標。

那麼，開始吧。

4 唯一的真實喜悅

頂層1%如何擁抱承諾

在準備這一章的時候，我定下目標，要反思多年來我學到的許多想法，看看有沒有特別突出的。「有沒有一個想法，」我問自己，「是成功人生最重要的條件？少了這個想法，幾乎就不可能成功？更進一步想，對個人來說，有沒有某個想法或原則在我的人生中帶來最顯著的改變？」

依序問完這些問題後，答案就很清楚了。答案是我暱稱為「唯一的真實喜悅」的原則——也就是承諾。你可能會感到抗拒，覺得就是陳腔濫調，「平淡無奇」，但我希望你先用新的方法——新的眼光——來看這個原則，當成一門全新的課程。事實上，承諾就是成功人生的基石。但是，在個人發展的詞彙中，承諾最不吸引人，最平淡無奇，可能也是大家最不欣賞的成功原則。不過，我又想引用朋友肯・布蘭查的說法，他發現企業的失敗多半是因為無法「承諾做出的承諾」。

聽起來像是矛盾修辭法。為什麼我們需要守住對已經承諾的事情做出的承諾？要了解肯的用意，我們需要先解讀我所謂廉價的承諾和真正的承諾。廉價的承諾是吸引人的版本——人們隨口快速的回應。「沒問題，我明天回電給你。」「就是今年，我要減肥。」「可以啊，星期三我就把報告給你，沒問題。」「兒子，現在不行，我很忙。明天就陪你玩接球，我保證。」新年到了，我們興沖沖地做出承諾，用這些承諾安撫自己或其他人，沒有認真思考或籌劃。很廉價。

說到唯一的真實喜悅，我指的是真正的承諾。這些承諾的基礎是深思熟慮、決心和動機。做出真正的承諾時，你的聲音帶著堅定，這種堅定反映個人靈魂的確定性。這並不是說做出真正的承諾時，你不會感到畏懼或懷疑。這兩種情緒很常見。但這種承諾本身就很堅定、很確鑿。沒有機會收回。

對於兩者之間的差異，我想到最好的比喻是跑馬拉松。過去二十五年來，我跑了超過十九場馬拉松——從西雅圖，到芝加哥，到波士頓。我喜歡跑馬拉松，因為要完成這個目標，完全「不能作弊」。雖有例外，但也很少見，要跑完四十二公里的馬拉松，不可能不做出真正的承諾。要鍛鍊好幾個月，每星期跑幾十公里，等很久才能看到回報。你需要重新調整飲食、日常的優先順序，以及最重要的是個人的心理韌性。這是最適合真實承諾的訓練。

這並不是說到了賽事日，每個人都做了真正的承諾。在起跑線，槍聲響起時，數萬名跑者充滿信心地朝著目標衝刺。但是，有經驗的跑者知道可能有多達百分之三十的參賽者無法到達終點。從大約二十九公里到最終的四十二公里，才是真正的比賽——一開始激增的腎上腺素早已消失，想棄賽的念頭幾乎難以忍受。讓跑者在二十九公里後堅持下去的只有真正的承諾，想完成幾個月或甚至幾年前定下的目標。

你的二十九公里在哪裡？或許在婚姻中、在想把企業轉虧為盈的期望中、在得到升職的期待中、在想跟青春期女兒強化關係的期待中，你到了第二十九公里處。朝著值得的目標前進時，路上一定會碰到第二十九公里。我建議大家，避開在起跑線上做出的廉價承諾。在第二十九公里處做出真正的承諾，留在跑道上，一路朝著頂層1％前進。如果你做了真正的承諾，我向你保證，終點給你的情緒會比快樂更深刻，更有滿足感。會留給你深厚而持久的喜悅感受。

5 有魔力的態度

頂層1%的心態

我想聊一聊一位我認識的女性，她實在不同凡響。到了八十六歲，她自學了一些東西，以下是幾個例子：與房東討論公寓大樓內幾個可能危及駕駛人的坑洞，又花了幾個月的時間等房東採取行動之後，她決定自力救濟。她找了資料，了解填補坑洞最適合用什麼樣的水泥混合物，前往五金行買材料，自己把洞填好。十年後，大家仍記得很久以前的那些坑洞。六年前，她的耶誕禮物是人生中第一台電腦，她花了一個月的時間完成自學課程，學會如何使用電腦。她變得比一般二十一歲的年輕人更熟練個人電腦的服務及網際網路的使用。她比所有共和黨和民主黨的總統與國會候選人更勝一籌，在感恩節的晚餐派對上，她可以辯論每個職位的利弊，在分配第一塊南瓜派前，大家庭的其他成員都一語不發且滿心敬畏。她的十個孫子孫女如果有人想換工作，總會先找她聊聊，因為她習於閱讀大量的報紙和新聞雜誌。她知道最新的經濟趨勢及熱門產業，和孫輩的同齡人一樣！她仍會買食材自己烹飪，定期與一群女性密友見面喝咖啡聊天數小時，向她選出的官員發送電子郵件，對他們的「好」或「壞」決定發表意見，偶爾她甚至會聽我給她的勵志節目！

好的，可以揭曉謎底了。這位女士就是我的祖母。她最近過世，享嵩壽九十八歲，每個認識她的人都認為在他們見過的人裡，她的力量與動力名列第一。祖母是我心中的英雄——不是因為她活的歲數，而是她的生活方式。

我們憑著本能便知道，對生活的態度不僅與生活經驗的品質很有關係，壽命（能活多久）也是一個要素。最近關於百歲老人的研究也證實了這一點。布萊德利．威爾考克斯（Bradley Wilcox）、克雷格．威爾考克斯（Craig Wilcox）及鈴木誠（Makoto Suzuki）的暢銷書《沖繩計畫》（*The Okinawa Program*）針對日本沖繩人民的生活習慣深入研究，當地人的平均壽命遠超過工業化國家的一般人。他們確實討論到一些獨有的飲食及運動因素，對長壽或許有一些效果，但到目前為止，最重要的因素本質上與態度有關。他們的態度尤其可以用下列特徵來描述：熱愛生活、開放的心態及樂於學習新事物。以沖繩人的例子來說，這些態度、飲食及運動的要素多半來自他們的文化。每個人都習慣用同樣的方式生活。

不巧的是，西方文化並非原本就有這些要素。事實上，在第一世界的工業化國家裡，美國人的整體健康，尤其是態度的健康，還有很多不足之處。為什麼會這樣？我們住在眾所周知最有錢的國家。網際網路、圖書館及教育機構皆隨手可得。我們可以任意選擇去哪裡工作、選擇住在哪裡，及選擇我們的信仰。與歷史上其他時期的其他人相比，我們什麼都有了。但統計數字顯示，美國人平均一年讀不到一本完整的書。很多文化評論家和企業領袖感嘆美國有許多人放不下特權感，前者如《受害者的國度》（*A Nation of Victims*）作者查爾斯．塞克斯（Charles Sykes），後者包括創辦企業家策略教練（The Strategic Coach）課程的丹．蘇利文（Dan Sullivan）。事實上，丹．蘇利文給了一個標籤：「特權態度」。與上面所述我祖母和沖繩人的態度相反，這種惡性的態度認為，「社會欠我一些東西。」這種特權態度還會變本加厲，常常會變成「不論我給社會的回報有多少，社會就是欠我一些東西」。這種惡性態度造成了一個結果，與其他第一世界的工業化國家相比，美國的教育成就最低、犯罪率最高、健康分數最差。

想加入頂層1%那些世界上最成功、最滿足的人，很重要的第一步就是務必從生命中根除特權的態度，採行我所謂的有魔力的態度。

除了活得久，還要活得高品質，就該每天實踐這個態度。有魔力的態度就是終生學習的態度。這個態度涵蓋我們討論過的所有特質——熱愛生活、開放的心態及樂於學習新事物。有魔力的態度說：「如果我的生命需要某個東西，社會並不欠我。我要做出決定，去利用手邊那些極佳的資源，並教育自己如何獲取我需要的東西。」這種態度會推動一個人在八十六歲時填滿坑洞，主動寫信給她的國會議員。這種態度在生命讓你慢下來的時候，強迫你去更換髖關節；你沒有選擇咒罵世界，退縮到憤世嫉俗與充滿後悔的生活中，而是報名了運動課程。這種態度選擇配合因果法則，而不是對抗。採取這種態度後，就像魔法一樣，生命中的每個障礙都變成機會。

6

成為推動者

頂層1%如何讓自己變成不可或缺

二十一世紀最具爭議性的小說家或許莫過於艾茵・蘭德（Ayn Rand），而她也很有影響力。她的經典小說《阿特拉斯聳聳肩》（*Atlas Shrugged*）多年來一直與戴爾・卡內基的《人性的弱點》爭奪史上僅次於聖經的第二名暢銷書。她的作品是美國學校的核心課程，幾乎每一名高中生或大學生都讀過一本她的書。美國最成功的執行長也有許多位按著她的想法來形塑自己的思維模式。

在許多領域，我與艾茵・蘭德的想法有深重的分歧——例如，她不接受利他主義和靈性，也傾向於將複雜的生活問題過分簡單化，變成很單純的客觀格言——但確實有一個概念帶給我很大的衝擊，隨著我在市場上工作的時間愈來愈長，這個概念的真相也愈來愈明白。那是她對男女英雄人物的概念，也是她所謂的推動者。艾茵·蘭德的小說充滿此類英雄人物的例子，他們為社會貢獻的價值遠超過普通人，靠著他們的領導能力和獨創性，組織的引擎才能持續運作。事實上，在《阿特拉斯聳聳肩》的結局中，所有的男女英雄都罷工了，導致社會慢慢停止轉動。

在二〇〇〇年代早期，及本書寫作時的二〇一〇年代中期，職場上最常聽到的一句話是「沒有人是不可或缺的」。在路上找一個人，問他是否有可能突然被公司解雇，常會聽到對方條件反射般的回覆：「嗯，我覺得我很努力，希望我的職位很安全。但是，你也知道，沒有人是不可或缺的。」我不同意這個想法。技能確實可以被取代——生產、會計、談判、銷售等等——但有些人在表現這些技能時展現出自己的獨一無二，因此無法替代。

我相信你可以想到幾個人，他們離開後，對組織的表現有巨大的影響。一九九〇年代晚期，麥可·喬丹（Michael Jordan）和菲爾·傑克森（Phil Jackson）離開後，芝加哥公牛隊的戰績變成什麼樣？執行長傑克·威爾許（Jack Welch）退休後，奇異公司（General Electric）的股價怎麼了？《歡樂單身派對》（Seinfeld）結束後，傑瑞・史菲德（Jerry Seinfeld）的每一位搭檔都有了自己的電視連續劇，他們的表現怎麼樣？幾年前，星巴克的創辦人兼執行長霍華・舒茲（Howard Schultz）決定減少對業務的參與，星巴克的股價和店內業績保持得還好嗎？

在每個例子裡，我敢說的確都有一個不可或缺的人，那位推動者，他的貢獻超過自身技能和天生才幹的總和。這個人的獨特性及做好事情的能力超越了其他人。這些不可或缺的人都是頂層1％的成員，幾乎沒有例外。

現在，我相信你一定在想：「但這些都是非同凡響的例子——真的是例外。我只是一家小型製造商的中階經理，怎樣才能讓自己成為組織不可或缺的人才？」你的看法自然有憑有據。然而，我不相信一個人要成為企業的執行長或明星籃球員——也就是廣義的「英雄人物」——在別人心目中才算不可或缺。在許多公司和其他類型的組織中，的確有各個層級的人擔任推動的角色。

貝瑞・法伯（Barry Farber）著有《最先進的銷售》（*State of the Art Selling*）和《未經琢磨的鑽石》（*Diamond in the Rough*），我很喜歡他這個人和他的作品，他跟我說了一個故事，主角是亞特蘭大萬豪侯爵酒店（Marriott Marquis Hotel）的行李服務員，大家叫他史密蒂（Smitty）。史密蒂以他出色的服務、極度積極的進取態度和富有感染力的微笑而聞名。他記得每個人的名字——記得住他們最喜歡的房間、最喜歡的客房服務項目，甚至還記得他們配偶和小孩的名字。他變得很有名，棒球選手、政治人物及其他名人到達飯店前都會指明要他服務。他成為傳奇人物，深受喜愛，因此這些知名人士每次要到亞特蘭大，一定會住進萬豪侯爵酒店，不考慮其他地方。可以說，亞特蘭大萬豪侯爵酒店的業績長紅，史密蒂和其他員工都非常重要。

因此，不論你是執行長，還是中階或初級的員工，可以採取下面幾個步驟，讓自己變成組織裡不可或缺的人物：

1. 多元化嘗試。有些職涯手冊諄諄教誨，你應該只要「建立自己的品牌」，並尋找頭號目標，僅選擇能讓履歷更亮眼的專案。如果你的職涯規劃是一生不斷跳槽，或許很適合這個策略，但如果你希望與目前的組織一起成長，並讓自己變成組織最需要的人手，這個策略就不夠完整。我認為你也需要

「多元化嘗試」，找到方法為組織內數個不同的領域提供非凡的價值。確定每個部門的關鍵人物都跟你很熟，認為你是非常好的幫手。讓大家都知道你願意付出時間服務所有的部門及個人，而不是只投入上司覺得重要的專案。如果你在別人心中留下自私自利的印象，上司離職或被解雇的時候，你也會立刻被請走。

2. 蓋上自己的真實印記。你的性格有什麼獨到的特質？這些特質是每個人（從家人到同事）都一再評論的品質。或許是極為正面的態度、對細節特別注意、天生的怪癖、擅長交際等等。找個方法將那個特質融入每一項你在組織內承擔的任務。技能很容易被取代；而以獨到方式執行這些技能的真實個人就無法被取代。

3. 做什麼，都要真正做得很出色。傑出沒有替代品——尤其是那些想加入頂層1％的人。你可以真實且樂於助人，但如果不產生成果，留在組織內的時間就有限。找出三個對公司利潤至關重要的關鍵技能。以這三項技能為中心，創造自主學習的大學，從其中一項開始，每一輪給自己三個月的時間。你可以去上與這項技能相關的研討會、聽教學節目、找一位導師來指導你。九個月後，你就可以從自己設計的大學畢業，拿到特優的成績，在職場上的位置牢不可破。

4. 立即跟進。在二十四小時無休的經濟中，每天發兩百封電子郵件和打十封簡訊已經是家常便飯，人們愈來愈能接受自己的訊息要等一段時間才會得到回覆。你可以利用這一點，讓自己與眾不同。培養「立即跟進」的名聲。我的朋友大衛．艾倫（David Allen）是生產力專家，寫了一本關於生產力的經典著作《搞定！》（*Getting Things Done*），大家不妨聽他的建議。關於回覆訊息，他發展出「2分鐘定律」。他說，每次收到電子郵件或語音訊息，問自己能否在兩分鐘以內回覆？可以的話，立即回覆，因為歸檔或思索都比回覆更花時間。只要遵循這一個定律，以閃電般的速度回覆將近百分之九十的郵件和訊息，且因此聞名，你也會構築出有力的形象——認真工作且掌控全局的人。

5. 一定要有一個「WOW」專案。每個人都有典型且符合預期的專案，符合自己的工作內容。要脫穎而出，讓自己變得不可或缺，你需要創造出至少一個獨特的專案，跳脫目前的工作內容，幫你的公司創新，往新的方向成長。這個類型的專案會解決公司的重大問題、為你建立積極貢獻者的名聲，並讓你的上級和同事讚嘆一聲「wow」。或許是提出新的產品包裝，既能吸引顧客又符合成本效益。或許是組織公司內的公關工作小組，來宣傳你的產品線。或許是幫忙開發新的企業網路庫存管理系統。

做這些事，你就變成組織內的推動者——不可缺少的人，讓成果的引擎保持高速運轉。在成為頂層1%一員的旅程上，你也就此踏出了重大的一步。

7 紀律的藝術

頂層1%如何讓自己去做99%不做的事情

《人生事》（*The Business of Life*）的作者威廉・費瑟（William Feather）曾說：「如果我們不約束自己，世界就會約束我們。」

多年前說出的這句話到今日更覺中肯。我喜歡拿籃球員的罰球練習來比較紀律這個主題。籃球員都說，一而再再而三、單調地投擲罰球，一天可能要投幾十個，是賽前準備時他們最不喜歡的一項練習。但能投中罰球的基本技能，是普通或良好球員及一流球員之間的差異，尤其在輸贏的一線間。

同樣地，每個人都應該認識到紀律是成功人生的基石，而我身為靈感工廠的總裁，不斷研究和開發可用於個人發展及技能成長等熱門主題的內容，可以告訴大家願意討論紀律的人非常少，更不用說研究了。為什麼？或許原因就出在紀律本身的定義。關於紀律，我聽過最好的定義是延遲享樂以實現更高原則或價值的能力。因此，紀律本身的定義承認，為了得到更大的長期利益，必須延遲短期內的欲望。真相是，鮮少有人願意為了很久以後的長期目標而延遲任何事——甚至不肯放棄看最愛的晚間電視節目。個人發展演說家吉姆．羅恩說，大多數人「由於承諾不明確，因此不願付出代價」。

然而，回到威廉．費瑟的那句話，現實是我們無法避開紀律——約束自己，達成自己選擇的目標和理想，不然世界會引導我們去實現它的目標和理想——這些目標和理想可能與自己定義的人生意義、快樂與成就無關。

這個真相適用於人生的每個面向。在職場上，有紀律的人會控制自己的一天，把精力投注在產生結果的活動上，為企業或組織貢獻最高的價值，而沒有紀律的人被控制——應對一連串永無止境、永不停息的緊急情況，這些狀況對他們的整體生產力不一定有貢獻。為人父母者若有紀律，不會用一時衝動來回應孩子的要求。相反地，他們根據自己選擇的價值觀來回應，選擇對孩子長久幸福最有貢獻的做法。

沒有紀律的人會隨興回應孩子的要求，完全憑藉衝動，很少考慮怎麼樣對孩子的品格最有利。作為配偶，有紀律的人每天都會花時間打造關係的基礎——透過小小的舉動，例如給配偶寫字條、安排約會、不會用報復的心態回應配偶的喜怒無常。另一方面，沒有紀律的人常常無所適從，應對配偶時表現得自戀，只強調自己的需要，沒有意願或心力去從配偶的角度思考。

你會看到，貫穿這些例子的連續主題正如威廉．費瑟所說。有紀律的人遵循自己選擇的價值觀，根據這些價值觀選擇行動和回應。沒有紀律的人隨波逐流，跟隨周遭突如其來的要求，因此永遠沒有主控權，一直在反應別人施加的刺激。無法貫徹對自己的約束，就是普通人與頂層1%成員的差異。

也希望大家了解，上述的例子都是理想狀況。每個人都有可能在某些方面很有紀律，某些方面則不然，我的意思不是有人能在生命的每一個主要領域都做到完美。然而，我有幾個建議，應該能幫助讀者不要把紀律看成苦差事，而是能振奮人心的挑戰。

首先，與其把紀律看成長期的費力工作，不如視為在生命的每個領域中控制選擇的日常過程。史蒂芬・柯維（Stephen Covey）在他絕佳的著作《與成功有約》（*The Seven Habits of Highly Effective People*）中說到，人之所以為人，就是因為我們能選擇對刺激的回應。動物沒有選擇——碰到刺激就做出反應。而人類碰到刺激，可以用頭腦選擇最有效的回應。

隨著人類歷史的進展，這個技能的需求度愈來愈高。在全球互連的經濟中，電腦處理能力每過十八個月就翻倍，一些分析師口中「選擇的暴政」（the tyranny of choice）一直在轟炸我們。他們用「暴政」一詞表示資訊永無止境的攻擊要我們做決定和回應。

但別搞錯了。這不是暴政——這是你最強的能力和挑戰。在這樣的經濟裡，關鍵是不要放棄選擇並臣服於環境的推拉，而是獲取能力，選擇要把注意力放在哪裡，哪些東西可以忽略。不要拋棄選擇的能力。因此，下一次老闆交給你急迫的案子、發現小孩說謊，或配偶因為你遲到而大吼大叫，你要怎麼回應？選擇在你手上。

但你可能會說：「我怎麼知道哪些事情需要投入，哪些事情可以忽略？我的生活又忙又亂，我怎麼確保自己在心煩意亂的時候能做出正確的選擇？」這是大家都有的擔憂，從許多角度來說也是現代才有的狀態。在今日步調快速的世界裡，問某個人最近過得如何，最常聽到的回覆是「忙死了」。但這個回覆就各方面來看，反映了我們正在討論的問題。忙碌如果是有意識的選擇，就沒問題。但對大多數人來說，很忙和壓力很大往往反映了無紀律的生活，個人被世界控制，而不是被自己控制。

因此，下一個步驟便是有意識地列出生命中你最看重的五個價值觀。如果你覺得這個練習太難，可以從建構人生的使命宣言開始。吉爾登媒體（Gildan Media）的檔案庫提供一些很棒的有聲節目，可以幫你定義這些價值觀或這項使命。完成後，把清單寫到幾張索引卡上，就寫五張吧，放在平日容易看到的地方。或許一張放浴室，一張放車上，一張放床頭櫃，一張放辦公桌等等。常看到這些詞句，就會在大腦中形成印記，本質上像一個篩選工具，防止你做出違逆個人價值觀的選擇。史蒂芬·柯維說，如果心裡有個更大的YES在熊熊燃燒，就很容易對微不足道的事情說NO。讓你的價值觀成為你的YES，對小事情說NO的紀律就變得很容易。

最後，最重要的是學著享受停滯期！這句話又是什麼意思？很多年前，哲學家喬治．李歐納（George Leonard）在著作《精進之道》（*Mastery*）中介紹了這個概念，也是我聽過最有力的方法，讓你約束自己以「正確的行動」堅持到底。李歐納說，很多人假設約束自己去做一件事——李歐納自己的例子是拿到合氣道的黑帶——就應該會持續且逐漸進步，直到達成目標。事實上，李歐納說成長多半是一陣陣的突然爆發，中間有很長一段時間似乎看不到進步——所謂的「停滯期」。他又說，大多數人放棄自律，因為他們對成長的突然爆發愈來愈上癮，爆發的速度太慢，就開始灰心喪志。成長的關鍵是學著享受停滯期，知道成長的下一次爆發隨時可能出現。

因此，控制你的選擇，找到你的價值觀並投入，也要學會愛上停滯期。要進入頂層1%並留在裡面，這些都是很重要的要素，在我所謂「值得過的生活」那個不可思議的配方裡，也是必要的成分。

8 膽戰心驚的意願

頂層1%如何應對恐懼（第一部）

場景在陽光明媚的洛杉磯，一場有七百多名講者和培訓師的會議座無虛席，會議名為馬克．維克多．漢森的巨型演講大學（Mega Speaking University）。馬克．維克多．漢森是《心靈雞湯》（*Chicken Soup for the Soul*）暢銷書系列的共同作者，全球銷量超過八千萬本。馬克邀請我加入這項活動的講者小組，我的簡報標題是「如何創造出你的南丁格爾－科南特暢銷書」。那是二〇〇五年的事了，雖然我去過大學裡公開演講不少次，也以出版社高層的身分與公開講者合作了至少十二年，但我跟一般人心目中的專業講者仍有一段距離。

能加入馬克專屬的專業講者小組，向聽眾中的專業講者演說，我當然覺得很榮幸，也擔心不夠資格。好吧，必須坦白說：我很榮幸、憂慮資格不足、也膽戰心驚！在教堂或公司裡站在麥克風後面對一小群人演講，是一回事，但對著一大群內行人演說，絕對是另一回事。還有呢。到了活動現場，有人護送我到演講廳，我看到舞台兩側各有一個大投影螢幕，加上專業的燈光及搖滾樂，我嚇壞了。這不只是演講，簡直是一場娛樂盛宴！

我雖然有點難以言喻的興奮，但也很想偷偷從演講廳溜走，拿好我的東西，離開飯店，搭上下一班回芝加哥的飛機。我心想：萬一忘了講稿怎麼辦？萬一我的PPT卡住了怎麼辦？他們真的想聽我要講什麼嗎？司儀喊出馬克．維克多．漢森的名字時，我的意識完全籠罩在上述的想法中。音樂響起，燈光閃爍，群眾歡呼。馬克．維克多．漢森來了，地球上最偉大的一位演講者——我得仿效他的榜樣？我的演說安排在隔天。

第二天到了。我在飯店房間裡來回踱步，演練了十幾次我的講稿。心裡不時浮現不祥的念頭：我準備的笑話不夠。馬克說了好多笑話。我必須多加一點笑話。我的細節太多了。我需要更多激勵人心的故事。我的PPT太簡單了。我得多加一點吸睛的東西。我的心跳速度超過了菲爾．柯林斯的打鼓獨奏。倒數兩小時。沒時間改內容了。都沒有問題嗎？

然後，突然之間，安寧與平靜的覺察襲來。我該為這場活動準備的都準備好了。我把製作精采有聲內容的經驗全部放進一小時的簡報裡；毫無保留。我已經卯足全力做好準備。然後我聽見上帝用祂總是如此微妙的方法低聲說：「丹，做你自己，比做誰都好。盡你所能去發表這份簡報，但別忘了誠信。拿下他們吧！」我的心回到了胸膛。我決定把那些硬加的笑話都拿掉。加了幾個故事，但細節都留著。這是聽眾想從我口中聽到的——如何製作精采有聲內容的細節。刻意跳過，反而是欺騙他們。

坐在舞台後面綠色的休息室裡，等司儀叫我的名字，不知怎的，我一直覺得很平靜。再幾分鐘就要上台，耳朵上戴了麥克風，七百名來賓與我就隔著一道布幔，然而，我比第一天來到這裡時更平靜，注意力更集中。我聽到我的名字，音樂變得更響，我跳上舞台。突然之間，我的嘴巴開始自動操作，按著我的計畫發表演說。我當然冒了幾滴冷汗，也有「做美夢」的時刻，但在我全心傳達價值給內心極為敬重的聽眾時，我感受到其他許多公開講者曾有的感受：無與倫比的信心。

很多時候，我們假設自信很像自尊，透過反覆肯定、視覺化和「態度調整」就可以獲得。這些技巧雖然都派得上用場，卻無法取代實踐。這些技巧可以視為氣球裡的氦氣，而行動的實踐就像氣球開口上的夾子。肯定、視覺化及態度都可以幫你灌飽氣，帶你到更高的地方，但前提是你一次又一次夾上真正行動的夾子。否則，氦氣漏掉的速度就跟打氣一樣快，沒有持久的效果。

同樣地，近期的研究指出，最能影響自尊的兩個因素是：真實的成就，與心理學家所謂的基本信任。儘管基本信任建立的時刻是父母與孩子最初的連結階段，但每個人都能在生命中達成真實的成就。而「真實的成就」又是「實踐」行動的另一個說法。以這個意義來說，成就事實上甚至不表示我們成功了。只是達到一個成果，做我們最害怕的事情。

就各方面來說，完成馬克這場大型活動的信心並非在跳上舞台時肯定我的自信心來確立；而是透過我膽戰心驚的意願建立起來。讀者如果想明白我的意思，不妨想想剛開始學游泳時第一次跳進游泳池的時候。或回想第一次約會。與事前的焦躁不安相比，行動本身似乎沒那麼累人，對吧？那麼，可不可以說，無論是學習游泳，還是讓約會對象目眩神迷，忍受這種焦慮並度過焦慮的意願是建立自信最重要的一個步驟？

美國詩人奧利佛・溫德爾・霍姆斯（Oliver Wendell Holmes）關於簡單性有句很棒的引言，在這裡也適用。他說：「我不在意複雜性這一面的簡單性；但我願意為複雜性另一面的簡單性貢獻生命。」同樣地，我也明白與另一面的自信相比，焦慮、恐懼及任何不舒服情緒之前的自信一定會黯然失色，因為另一面的自信才是真的。另一面的自信生於真正的掙扎、真正的行動、真正的成就。這樣的自信才會讓你心滿意足。這樣的自信也不會讓你的氣球（你的精神）洩氣。

如果想加入頂層1%，你必須與眾不同。通往與眾不同的道路走的人不多，需要你願意承受審慎的風險，跨出你的舒適圈——一路拉扯到複雜性的另一面。如果沒有偶爾感受到這種迷失和不適，很可能你給自己的挑戰還不夠——也沒有把自己推向新的高度。記著，平庸已不復見。

所以，下一次面對讓你想到就覺得有些膽戰心驚的挑戰，不要就此停下腳步。對自己說：「啊哈，來了。通往偉大的門徑。」然後就跳上舞台吧。最好的就要來了。

9 讓恐懼擦亮你

頂層1%如何應對恐懼（第二部）

這一章的重點是新的千禧年到來後人類面臨的重大問題：克服恐懼。對於美國文化來說，九〇年代是人們眼中的新黃金時代——股市每天飆上新高，就業率來到史上最高點，政府儲備帳戶出現盈餘，革新的科技形式（網際網路）來臨，基本上也是現代史上最和平的一段時期，尤其是九〇年代的後半。

可惜都變了。自九一一的悲劇發生後，我們從新經濟和黃金時代移動到後泡沫經濟，到了本書寫作的二〇一〇年代中期，則可稱為恐怖主義時代。九〇年代單純的青少年期盼已經長成中年感覺的寫實主義，差一點就是徹底的懷疑主義。在文化上，我們似乎永恆鎖進了橙色警戒狀態——害怕採取大膽的步伐邁向未來，因為不想在下一次恐怖攻擊的時候措手不及。

這種恐怖攻擊不僅限於文化，還針對個人。每次想努力踏出生命中成長的一大步，走出舒適圈，恐懼似乎就會阻礙我們向前的企圖。向新的管理團隊發表演說、參加第一場馬拉松、走到紅毯另一頭對未來的配偶做出終生的承諾，或迎接第一個孩子來到世上——這些事件到來時，矛盾的雙重情緒出現了，混雜著興奮與或許無法理解的恐懼。

儘管學會克服恐懼是每個人都有的經驗，對美國的整體文化來說卻是相當新的挑戰。說實話，除了經濟大蕭條以外，美國歷史上或許從來沒有像現在這樣的時期，人們覺得更有理由把頭埋進沙裡，只想「活下去」。然而，歷史上可能從來沒有一段時期比現在更需要克服恐懼。克服恐懼，既能解決我們的問題，以個人和文化來說，也是未來問題的解藥。社會上頂層1％的成員不會花時間活在恐懼裡——他們活著，是為了找到解決辦法，把精力集中在可以控制的領域上。這就讓人想起了《平靜禱文》（*Serenity Prayer*）的精髓：「主，就讓我的心安穩，來承受不可扭轉的難事，賜我勇氣，扭轉可改變的事，並賜我智慧分辨差異。」

要克服恐懼，有沒有不錯的、實用的建議？讓我們的生活就像很有影響力的耶穌會神父包約翰（John Powell）所說，「充滿人性、充滿活力」的生活方式——活得開展，放任自己滿懷希望，追尋你最看重的目標。

在研究這個主題的時候，我碰巧看到幾句常見的引言，可以用來定義恐懼的本質，並給出消除恐懼的處方。來看看這些說法適不適合：

恐懼只是看似真實的虛假證據。

——出處不明

恐懼某物，便受制於某物。

——摩爾人的諺語

把你的恐懼留給自己，把你的勇氣分享給其他人。

——英國小說家羅伯特・路易斯・史蒂文生（Robert Louis Stevenson）

在人生事務中，沒有什麼值得你憂心忡忡。

——柏拉圖

這一組引言體現的哲學我想稱為「以恐懼為敵」。每一句都暗示恐懼不真實，或要完全避開——是沒有必要的東西。但是，後來我又看到了另一個系列的恐懼引言。來看看這些說法適不適合：

在我做過的事裡面，那些最終證實很值得的，一開始都把我嚇得半死。

——勵志演說家貝蒂．班德（Betty Bender）

恐懼是一回事，讓恐懼抓住你的尾巴把你在空中亂甩又是一回事。

——作家凱瑟琳．派特森（Katherine Paterson）

做一件你恐懼的事，且持續去做……就是現在已發現克服恐懼最快、最可靠的方法。

——戴爾．卡內基

在接受恐懼的那一刻，就征服了恐懼。

——出處不明

這一組引言體現了我所謂的「以恐懼為友」哲學。這幾句引言都認為恐懼不一定是要避開的東西，而是能在一定的限度內給我們資訊與指導。

我必須坦承，我年輕的時候也認同「以恐懼為敵」的哲學。我試過思考、視覺化或解釋，把恐懼當成幻覺，或靠著純粹的意志將恐懼逐出我的意識——把恐懼當成毒藥，倘若丟著不管就有可能破壞我任何成功的機會——可能是事業上的投機，或個人生活中的冒險。

舉個例子吧，有一次，我要去見當時女友的爸媽，他們住在愛荷華州的第蒙（Des Moines）。我從我的家鄉芝加哥開車出發，我記得我拒絕讓恐懼的念頭進入意識，來壓制我的恐懼。在七個小時的車程中，我一直在想像我對這次會面的期待，視覺化每一個細節，不准自己去想可能會有令人不自在的沉默、厭惡的表情或尷尬的時刻。

雖然會面還算順利，我仍記得在整個過程中我有多心神不寧，一直在擔心他們對我的印象。說真的，我一心想著壓抑恐懼，最後耗盡精力，無法好好品味和體驗每一刻發生的事。懷有恐懼本該讓我學到一些事情，我卻讓自己失去了機會，不去反思恐懼的來源。我為什麼要那麼在意某個人喜不喜歡我？我為什麼會覺得我應該做好準備，而不是毫不隱藏地呈現真實的面貌？

多年來，我面對恐懼的態度很清楚地已經移到了第二組——「以恐懼為友」。「在接受恐懼的那一刻，就征服了恐懼」，這句話讓我特別有共鳴。你若能陳說你的恐懼，並與恐懼共存，就能開始擊敗恐懼對你的負面影響。

看清楚了，說到擊敗恐懼，我們並不想征服恐懼能給我們的指引與資訊。我們只要勝過恐懼癱瘓我們的能力——因為那會妨礙成長。然而，矛盾的是，在我們拒絕承認恐懼的存在時，恐懼更有可能讓我們定住。知名勵志作家約翰·布雷蕭（John Bradshaw）在他談論上癮的傑出著作中，清楚說明了這個想法。布雷蕭說，透過任何技巧否認真我及真實的情緒，包括恐懼在內，並無法讓這些東西消失。他說：「它們變成地下室裡的餓犬，」讓問題繼續惡化，直到那隻狗衝破地下室的門，帶著不可預見的暴怒。

這就是為什麼我找到了上面的第一句引言，「恐懼只是看似真實的虛假證據」，雖然常見於勵志作家的筆下，卻呈現出誤導且有缺陷的哲學。即使恐懼的事情永遠不會到來，恐懼的感覺卻很真實。我們感覺得到恐懼就在內心深處，在加速跳動的心臟與汗濕的雙手裡——我們需要了解心中為什麼有恐懼，恐懼又可以教導我們什麼道理。簡言之，我們需要讓恐懼擦亮我們。

讓恐懼擦亮我們，是什麼意思？想像一輛很漂亮的BMW奢華經典轎車，車主已經開了三十多年。雖然駕駛的感覺依舊流暢，車身上留下了多年來的刮痕，黑色烤漆也褪成無精打采的塵灰色。再想像你把那台BMW送去汽車美容中心。他們清理了車子內外，用新的烤漆蓋住刮痕，最後打上亮光蠟，讓車子跟新的一樣閃閃發亮。汽車從美容中心出來後，如同全新的BMW一般令人驚豔。因為留下目前已停產的經典BMW車款特色，因此像是一台保存了很久的新車。

就各方面來說，這台車比剛出廠的新車更令人讚嘆，對車主來說更有價值。同樣地，生活中的負面體驗絕對也讓我們感到受傷，失去光彩，導致恐懼從潛意識中冒出來。如果讓恐懼控制我們，或把恐懼藏在看不見的地方，我們會開始生鏽——就像一台沒有好好保養的經典老車。但接受恐懼、勇敢穿越恐懼的過程，就像用亮光蠟保養，把自己擦亮——留下持久、經典的光澤。這種光澤不屬於從未經歷過生活坎坷的熱情年輕人（也不屬於從未駛出停車場的新車），而要歸給直接面對恐懼的成熟大人，他們身上有很明顯的智慧及自覺。

所以，如果你正在抵抗拖住你的恐懼，請聽我的六個建議，不是為了避開恐懼，而要讓恐懼帶來資訊與指引。

1. 讓恐懼溫和地通過。把恐懼想成流過雙手的活水。細看恐懼，看出是什麼，記下來，但就讓恐懼過去——不要築起水壩。如果你拒絕把負面情緒貼附到恐懼上，只看著恐懼通過，你會更認識自己，不會動彈不得。下次要上台的時候，試試看這個技巧。感覺從內心浮現的恐懼，甚至大膽嘲笑，然後想像恐懼通過，離開了你。然後，心無罣礙地上台演說。用不了多久，恐懼就無法控制你了。

2. 把恐懼看成一生的功課。每次恐懼浮現時，想像這些念頭是你自己設計的大學（更恰當的說法是靈魂設計的大學）——是你要精通的課程。做完功課，達成恐懼另一側的目標，才算通過測試。所以，如果你怕水，泳池的深水處是你的目標。最終的考試則是跳入水裡，游到另一端。把恐懼想成你自己設計的學校或大學課程，藉此把恐懼轉為客觀的計畫，而不是主觀的夢魘。

3. 停下來。行動。思考。雖然我們應該從恐懼中學習，但這不表示我們應該投以過多的時間和注意力。許多人因為恐懼而焦慮好幾個小時，數天到數月，甚至煎熬多年，才採取行動去掌握恐懼，但可能也有人持續煎熬。如果恐懼讓你動彈不得一段時間，唯一掌握恐懼的方法便是辨別自己的焦慮。然後停下來，你可以做一個手勢，例如拍手、打一下臉、搖搖頭。立即行動，做你害怕的事，在你完成恐懼的行動或執行的中間，實現你的想法。

幾年前，我試過這個技巧，那時我們家搬到芝加哥郊區一處成立了一段時間的社區。搬進去後過了幾個星期，我們只見過幾個鄰居。他們在那裡住了很多年，彼此都很熟，無心向新來的這家人伸出友誼之手。我記得看到對面一戶人家的門廊上坐了七、八個人，喝著瑪格麗特調酒，笑得很開心，我則在自家後院修剪草皮。我真的很想跟他們當朋友，但內心深處湧現了恐懼，想著他們不想認識你，他們已經有自己的一群朋友，沒興趣認識新朋友，還有我該說什麼？心裡的念頭來來去去。突然之間，上帝的恩典插手了，我立即關掉割草機的電源，抱起當時還是嬰兒的女兒凱拉（她在草地上玩），朝著對面走過去。我看到門廊上那群人瞪著我，靜靜地看著我走近他們。在過街的時候，我的腦子又開始亂轉——我在幹什麼？我瘋了嗎？我不認識他們！他們可能在想，這傢伙是誰啊？但我沒停下腳步。可想而知，過了一個小時，我女兒在後院跟其他孩子玩在一起，我在人群中嘻鬧，啜飲第二杯瑪格麗特。我不需要思索如何脫離恐懼。雖然害怕，還是要採取行動。

4. 恐懼表示你做出正確的選擇。感受不到恐懼，表示你還沒竭盡全力。別忘了，恐懼一湧現，在百分之九十五的案例中，並不表示你做錯了；反而代表你正要移入成長的領域。幾乎一定是明智的舉動。讓恐懼告訴你，你需要多用一點力。如果你想加薪，但心裡很怕，或許你需要鼓起勇氣面對權威人士，有自信地提出你的要求。如果婚姻中有個問題造成困擾，你卻很怕跟配偶討論，或許你需要鼓起勇氣面對對方的直接拒絕。在上述兩個例子裡，因為你要進入新的、未知的領域，恐懼才會浮現——其實是好事。

5. 第一次，起碼走到百分之八十的地方。要是所有的方法都失敗，就不要做你害怕的事情——只做那件事的一部分。我曾把這個技巧用在我兒子傑瑞米身上。他很小的時候，最怕黑暗的電影院。第一次是去看《史瑞克》。在開場的鏡頭中，那個巨大的綠色怪獸在銀幕上一現身，傑瑞米基本上就把爆米花一扔，衝出了電影院。但他其實很愛看電影——在家裡看就好。由於姊姊很愛去電影院，他所面臨的前景是姊姊去看新電影時他不得不留在家裡——身為處於手足競爭中的弟弟，這件事簡直無法接受。怎麼辦？

我跟妻子告訴他，在電影院裡他不需要坐著，來破除他的恐懼。等燈光關掉，電影開始放映時，我會陪他站在電影院最後面的門旁邊。他隨時可以跑出去，或留在後面，也可以選擇坐下。第一次嘗試時，傑瑞米大約有一半的時間站在最後面，電影快結束時他往座椅靠近了一點，在播放片尾名單前終於坐下了。看第二部電影時，他在中間就坐到椅子上。看第三部的時候，他完全忘了之前的恐懼。

成人也可以試試這個技巧。如果把恐懼的事切出一點點來做，很有可能就消除了所有的負面情緒。恐懼的氣球從此洩了氣，在掌握恐懼的道路上，你也完成了百分之九十。

就像我說的，或許自經濟大蕭條以來，我們的文化從未需要能自信克服恐懼的典範——並變成讓其他人充滿希望的榜樣。以你的人生為一所學校，面對恐懼，度過恐懼，一個一個度過，或許有一天，你也會成為領袖，帶領我們的文化超越恐怖時代，進入希望的時代。

10 慢慢進入新的一天

頂層1%的秘密武器

幾年前，我很榮幸能有機會與肯．布蘭查博士合作，他是講師界的傳奇人物，也是作家。肯是個最佳榜樣，展現頂層1%的習慣、技能和態度。你或許知道肯是《一分鐘經理》的共同作者，這是史上最暢銷的一本商業書籍。在我認識的人裡面，肯是數一數二的和善，渾身洋溢著才華。我曾與他共同製作名為「個人卓越」的有聲節目，我很驚訝他只帶著少少的筆記進了錄音室，卻能即興錄完三十分鐘的節目——從頭到尾幾乎沒出任何差錯。

有聲節目會用兩天的時間來錄製，通常不怎麼輕鬆，但肯的態度更令我驚訝。在冰冷的錄音室裡待一整天，即使是最棒的作者也會覺得很累很煩躁。但在整個過程中，肯的笑聲不斷，一直都很快活——第一天下午五點時，我決定收工，但他看起來還可以持續到太陽下山以後。那天晚上吃飯時，我記得我問肯有什麼秘訣，能有這麼敏銳的頭腦及平靜安寧的舉止。他說，除了深厚的基督教信仰和愛他的配偶，他每天都讓自己保持在巔峰狀態的秘訣是：他會慢慢進入新的一天。

肯說，在全年無休的世界裡，太多人過著狂亂、急忙且排得太滿的生活。由於這場對話是將近二十年前的事，可以假設他提到的狂亂步調也已經變得更劇烈。但他也坦承自己當然會受這種狂亂步調的影響。他名下有一家非常成功的訓練及發展公司，自己是暢銷作者，也是美國最受歡迎的講者，看一眼他的時間表，就會覺得頭暈目眩。但是，他說，只要在早上七點之前滋養完力量的源頭，七點以後不論發生什麼事，他都可以處理。而那股力量的源頭就是他的心智。

我完全了解他的意思。幸運的是，我從小就習慣早睡早起。每天早上我都迫不及待地起床——每天都是新的開始，從正面的新觀點看待前一天的問題，感到全身充滿能量。

我當然知道，不是每個人都像我這樣熱愛早晨。有些人覺得早上九點前最好不要睜開眼睛，必須繼續做夢。我太太是個「夜貓子」，到午夜的最後一刻，仍在昏暗的燈光下看雜誌（假設她可以聽著我的鼾聲卻不受打擾）。

讓我大膽斷言：慢慢進入新的一天，這個策略對夜貓子來說甚至更有效，確實也更有必要。這是因為跟我們這些令人困擾的晨型樂天派比起來，夜貓子開始一天生活的時候，常常站錯了地方。所以，如果你習慣熬夜，要聽好了。我覺得我可以說服你，儘管早起不是你的習慣，但勝過多睡一點點然後衝去淋浴以準備出門。你會看到，慢慢進入新的一天是滋養精神力量的關鍵。而精神力量正是天賦的起源，也是頂層1%的秘密武器。

慢慢進入新的一天，到底是什麼意思？我心中有三個要素。好好考慮這三個要素，你可以按著個人的利益和習慣來修改。

首先，想好要在何時開始準備出門，然後提早至少一個小時起床。兩小時更好，不過一小時是最低限度。再次強調，我不是指從出門上班（如果你要去辦公室）或開始工作（如果你在家工作）前的一小時。我的意思是開始日常準備之前的一到兩小時，也就是早餐、淋浴、穿衣等等活動開始之前。

第二，如果有可能，這一到兩小時必須是「獨處時間」。我知道說的比做的容易，尤其是家裡有小孩的話。但是，我成年後一直保持這個習慣，有了三個孩子也不例外。儘管他們現在是能夠自立的青少年，但也曾是精力充沛的幼兒，所以我知道這不是不可能。獨處的時間非常重要，能讓你為自己充電，真實聽見靈魂深處的萌動。在白天其他醒著的時間裡，這樣的獨處時間會收穫很高的效益，除了個人效率良好，也能與其他人和睦相處及服務他人。自己的燃料庫耗盡了，就無法有效地為人服務。

最後來到第三點，這段時間至少要有一部分專用於安靜、冥想式的反思。同樣地，根據你的個性和信仰，可能有不同的形式：祈禱、冥想、寫日記、在日出時散步，或只靜靜坐著。醒來後，至少花十五分鐘做這件事。我為什麼要強調這一點？這會讓頭腦靜下來，集中注意力，設定一天的基調。自己試試看，養成這個習慣後帶來的差異會讓你很驚訝。

只要應用這三個要素來慢慢進入新的一天，你可以加以修改，符合個人的利益與習慣。例如，下面是我的慣例。平日我在早上五點起床，週末則是早上六點。為了在這個時間醒來，並獲得需要的睡眠，我當然前一天晚上最晚十點就要準備睡覺。不過，在我早上開始準備前，我有足足兩個小時可以應用。起床，打開咖啡機，當家裡瀰漫著深度烘焙馥郁的香氣時，我用最初的十五分鐘默默祈禱和冥想。然後，頭腦煥然一新，專注力變強，我用接下來的一個小時閱讀我最喜歡的報紙、雜誌和書籍，例如《華爾街日報》和《紐約時報》、本區的報紙、各種新聞與評論部落格、最新的非小說類暢銷書。然後出門跑步，不會跑很久。回到家以後，不僅感到神清氣爽和精力充沛，也準備好迎接新的一天。接著就開始早上的例行公事，為家裡的兩名高中生準備帶去學校的午餐、叫妻子起床準備上班、吃早餐、淋浴等等。

不過，那只是我的例行公事。以我太太為例，她是人力資源部門的經理，就會花這段時間思索如何為公司員工提高福利，或出門快走，思考今天要做的事情。那也很好。重點是在這段時間內盡量安排低壓力的活動，讓你的頭腦感到清爽，精神也準備好迎接新的一天。

接納我的想法，並按著你自己的生活量身打造，判斷結果如何。我覺得你會和我一樣，發現慢慢進入的一天是頭腦的益友。

11 巔峰績效的處方

頂層1%如何管理最寶貴的資源

在歷久彌新的童年記憶裡，我最喜歡的一件事就是跟父親去露營，是當時「印第安嚮導」計畫（YMCA版的童軍活動）的一個節目。我們造了模型火箭飛船（大多無法發射），圍著營火唱歌，玩尋寶遊戲，比賽划獨木舟，睡在帳篷裡——即使外面下著超級猛烈的雷陣雨。但我最喜歡的回憶應該是星期五在食堂舉辦的電影之夜。我和父親為部落擔起這個責任，每次都能選出大獲好評的電影。

在最棒的一次電影之夜，我們選了勞萊與哈台的經典老片《完美的一天》。如果你是勞萊與哈台的粉絲，應該很熟這部電影。但對其他人來說，這部電影絕對值得上網飛或Amazon Prime觀看，或者租來看（如果能找到DVD的話）。這是一部搞笑的喜劇，講述一點也不完美的一天。勞萊與哈台承受了一次又一次的失誤——掉進泥坑、撞上彼此、出現在不對的地點、汽車拋錨，結局則是疲憊不堪的投降表情——伴隨著讓勞萊與哈台名聲大噪的低俗鬧劇及時機恰到好處的喜劇橋段。所有人——不論是父親還是兒子——都笑到肚子痛！

在準備這個關於巔峰績效的章節時，想到那段寶貴的回憶，我很驚訝有那麼多人渴望完美的一天——這一天的每分每秒似乎都很順利。感覺不錯，看起來容光煥發，與他人的每一次互動都展現純熟的溝通與說服技巧，在公司敲定了一張大訂單，晚上回到家裡，在後院的吊床上看日落，親吻另一半。而且一切都不費吹灰之力！

對大多數人來說，這種夢想就只是夢，現實的日子絕對不完美。目標總是要費勁，交易永遠拖拖拉拉——即使成交了，對老闆來說永遠不夠快。早上永遠起得不夠早，沒時間運動，尤其是兩歲的孩子開始長牙後。回家看到配偶，打算晚上要放鬆一下，對方卻提醒我浴室的水龍頭漏水，需要修理。對，大多數人「完美的一天」似乎更接近勞萊與哈台，不像奧茲與哈里特（Ozzie and Harriet）的理想美國家庭生活。

更令人發狂的是，從遠處仰望那些績效登頂的人——無論是鄰居、朋友、公眾人物還是名人——我們想知道他們怎麼能完成每件工作，而且似乎不花什麼力氣。我們的朋友珍如何管理公司的五十名員工、撫養三個孩子、參加鐵人三項，還有時間去家長會？還有，她四十歲了，怎麼能看起來像三十歲？東尼．羅賓斯如何能寫書、在世界各地舉辦研討會、當總裁和執行長的教練，及經營好幾家公司？我做的事怎麼能比得上他們的豐功偉業？

第一，我要大家驅散「巔峰績效等於完美」的想法。二者並不等於。要成為頂層1%的一員，你不需要當超人。你可能不知道，你的鄰居珍暗自希望能換工作，但由於財務上的承諾而覺得被困住了。她也擔心見到孩子的時間太少，尤其在他們還很小的時候。她亦渴望與配偶傑夫更親近一些——在大學時代認識後兩人的關係就很緊密，但現在都有煩瑣的事務，便開始疏遠。

像東尼．羅賓斯這樣的個人發展界的名人，及其他我有幸深入合作過的頂尖個人發展專家，你可能不知道他們也有情緒低落的時候，也要為自己的承諾付出代價。一般人覺得理所當然的簡單愉悅及平衡，在他們緊湊的旅行時程、公眾形象及無盡的承諾下，常常被剝奪殆盡。

我要強調，巔峰績效與完美和毫不費力無法寫進同一句裡。說真的，在討論如何達成個人最高的潛力時，並沒有留位置給完美和毫不費力這兩個詞。在生活的任何領域追求巔峰績效及高成就，都要付出代價。關鍵是有意識地付出代價。我相信，東尼．羅賓斯和前文虛構的鄰居珍儘管偶爾感到疑惑，但都不會轉換生活方式。他們接納自己不完美的生活，因為做出偉大的成績後，必然有這樣的結果。

既然我們再也不認為完美是巔峰績效的關鍵，那麼，關鍵是什麼？雖然我不相信凡事只有一個原因（人生太複雜了），但我確實相信有一個因素可以解釋百分之九十的巔峰績效。那個因素就是能量。一般來說，表現最好的人都是高能量的人，他們學到以高效益和效率管理自己的能量消耗。

想想看你認識的那些高績效人士。有多少人是低能量、懶散的類型？少少幾個，但我認為他們是例外，不是常規。而我所謂的高能量不一定指「非常亢奮」的人。也有那些在表面下高能量汩汩流動的人，他們可以轉化自己的能量，展現出超乎尋常的專注、決心和意志力。要記著，關鍵在於能量的管理。兩頭燒的高能量人士往往會太快耗竭，破壞自己維持巔峰績效的能力。

我就用自己舉例，因為我真的是最適合的例子。認識我的人都會說我是一團全年無休的能量。我可以在午夜入睡、早上四點半起床、跑步、工作，然後回到家依然充滿活力與熱情，連我自己的妻子都十分訝異。但從負面的角度來看，我患過三次肺炎，有很長一段時間為焦慮所苦。用我妻子的話來說，這是上帝強迫我放慢腳步的方法。

也可以說，上帝用這種方式讓我注意我的能量管理。因此，我在生活中做了一些改變——確保每天睡七個小時、減少對非優先事項的承諾，並把注意力放在眼前的這一天。結果，我的能量並沒有因此受損，也比以往更加平靜和專注，亦很少感到精疲力竭。

我覺得能量管理的想法可以比喻成棒球隊裡的優秀投手。投手通常每五天比賽一次。更重要的是，即使投手的表現非常精采，教練也很少讓他投完全場；在第八或第九局就會派上救援投手。為什麼？能量管理。研究顯示，大多數投手投了一百球以後，效率會大幅下降——即使他們自我評估還很有力氣，可以投完整場比賽。賽間休息確保投手的手臂在下一次比賽時有最好的狀態，達到巔峰績效。

要放大和管理能量，有哪些秘訣？嗯，配合「完美的一天」這個主題，我想為讀者列出明日「待辦事項」的推薦清單，來創造你自己的完美一天——你會感覺很棒，表現得也很好：

1. **慢慢進入新的一天**。上一章討論過這個主題，但很值得再提一次。在準備開始一天的生活時，至少提早一個小時起床，用那段時間閱讀、冥想或做溫和的運動。如果這表示要早點上床睡覺，就早點睡。你可能想不到，這段額外的獨處時間能為個人能量帶來什麼樣的差別。

2. **吃營養豐富的早餐**。研究結果發現，習慣吃均衡早餐的人能量顯然高出他人，整體健康狀況也更好。他們會維持理想的體重，血壓和膽固醇也低於不吃早餐的人。由於你會慢慢進入新的一天，有足夠的時間可以慢慢吃！

3. **彙整出你的「六大」清單**。去辦公室或開始一天的工作前，按照偉大的厄爾・南丁格爾建議，寫下這一天要完成的六件要事。按重要順序排列。開始處理第一項，直到完成。然後做好清單上的每一項工作，直到完成所有的任務。儘管不一定能完成所有列出的事項（因為工作時要開會，而且常出現其他無法預料的事件），但列出的事項讓你的生活有重點，你會體驗到更高的生產力，除了管理你的能量，同時也讓能量放大到極限。你會火眼金睛地把焦點放在重要的事項上，由於對生活的掌控度提高，你也會覺得很不錯。

4. 花十五分鐘冥想、祈禱或小憩。沒有人可以持續保持「開啟」狀態。在完成「六大」清單的成就之間，你需要幫自己充電。在某個時刻，最好是中午，花十五分鐘冥想、向你信仰的神明祈禱，或小睡一下。在我遇過績效登頂的人中，很多人是世界一流的小睡專家，例如《一分鐘經理》的作者肯・布蘭查。肯真的很厲害，有一天我開車送他去機場，我轉頭看看窗外，他的頭一直向前倒。我嚇了一跳，轉過去一看，發現他正在打瞌睡，而到芝加哥歐海爾機場的車程才十分鐘而已。到機場的時候，他猛地起身，跟我擁抱道別，彷彿剛才他並沒有睡著。那真的是一流的能量管理！

5. 最後，不要強行灌輸正面的想法。勵志產業中常見的錯誤訊息說，達到巔峰績效的關鍵是始終保持積極的展望或正面的想法。這種哲學完全得不到科學支持。許多已公開揭露的科學研究結果指出，有成就的人不一定隨時都有正面的想法，正如保羅．皮爾索爾（Paul Pearsall）在著作《有這本勵志書就夠了》（*The Last Self-Help Book You'll Ever Need*）中提出的說法。事實上，研究發現，無論情況及我們真實的感受如何，一直強迫別人接受正面想法的話，所需的能量和壓力可能會導致難以置信的亢奮和突如其來的憂鬱沮喪。能量管理的關鍵是承認我們的感受，無論是好是壞、緊張或平靜、快樂或憂鬱，並讓感受像流動的河水一般流過我們。關鍵是不要陷入無益的情緒，但也不用避開這樣的情緒。即使是不好的感覺和情緒，也有益於生活中正向的改變。

明天，你一定也會碰到挑戰及讓你不自在的想法。勇敢體驗這些情緒並從中學習，讓你的能量保持在高峰。

遵循這個完美一天的處方，你可以將不完美的一天變成機會，追求巔峰績效。

12 根系

在快速的變化中，頂層1％如何保持穩定

來看看一九九八年的快照。網際網路泡沫來到最高點。每天創造出的百萬富翁人數不斷破紀錄。紙面上的估值基本上就是最低的實際底線利潤。失業率約百分之四，接近歷史低點。安隆（Enron）是全世界上最大、最受尊敬的一家公司，看似獲利也最高。「個人公司」是很時髦的用語。人就是品牌，公司忠誠度已經出局。新發行的金融書籍包括《401(k)百萬富翁》（*The 401(k) Millionaire*）、《長期繁榮》（*The Long Boom*）及《未來十年好光景》（*The Roaring 2000s*）。嬰兒潮世代計畫提早退休，好有更多時間陪伴孫兒、旅行、當非營利組織的志工，享受生活。X世代計畫在三十歲前變成有錢人。而Y世代則思考需不需要上大學，還是應該立即

創業，就像比爾・蓋茲（Bill Gates）、史蒂夫・賈伯斯（Steve Jobs）和麥克・戴爾（Michael Dell）等新經濟英雄。龐大的千禧世代還穿著尿布。波斯灣戰爭速戰速決後，美國迎來了近八年的和平與繁榮。未來一片明朗。

來看看二〇〇三年的快照。網路公司已經變成「網路炸彈」。曾是百萬富翁的人看著他們的淨值縮水，比冰塊放進熱水裡融化的速度還要快，這樣的人數也破了紀錄。安隆破產了，除了財務破產，道德也破產。估值要遵守新標準：真實的底線。如果你的工作對底線沒有貢獻，可能就會流落街頭。忠誠度又回來了，之前那些個人公司遭到人力資源部門拒絕，將他們視為「跳槽大王」。新的金融書籍有《401(k)大騙局》（*The Great 401(k) Hoax*）、《戰勝股災》（*Conquer the Crash*）及蘇西・歐曼（Suze Orman）的《保障投資組合》（*Protection Portfolio*）。嬰兒潮世代面對可能要延後退休的現實，有些人或許一輩子無法完全退休。X世代面臨薪資凍結，而Y世代的人則很茫然自己能否付得起大學的學費，畢業時有沒有工作。雙子星大樓倒塌，（我們以為）第二次波斯灣戰爭結束了。未來混沌不明。經濟的亮點不多，房地產是其中一個。

來看看二〇一〇年的快照。經濟大衰退結束後，本來是亮點的房地產也爆了。嬰兒潮世代延遲退休；X世代處於事業生涯的全盛時期，由於高科技愈來愈自動化，經濟愈來愈數位化，他們正面對前所未有的變革。Y世代則必須領悟他們一生可能不僅要做好幾份工作，還會有好幾種職業。千禧世代呢？他們早已脫下尿布，是大家心中的「數位原住民」——透過智慧型手機和社群媒體度過青春期和大學時光——在他們的認知裡，所有能想像得到的資訊形式都必須隨手可得。那時候Siri還沒上場呢。

上述三個快照如果放在二十世紀初，算鬆一點的話應該至少相距五十年。事實上，即使我們經歷了上面概述的變化，但想到這些變化彼此相距不過五年到七年，實在令人咋舌。

這也只是未來的預覽。《未來學家》（*The Futurist*）雜誌登出了知名未來學家雷·庫茲威爾（Ray Kurzweil）的完整文章，描述他稱之為「奇點」的事件。文中充分解釋變化的步調快到在不遠的未來（大約二〇三〇年），我們會到達一個點，變化快到我們再也無法可靠預測隔天的事件。這篇文章說在未來，成功的關鍵技能（也就是那些希望加入頂層1%的人要努力培養的技能）必然是終極的靈活性——隨時能夠改變個人的觀點及做法。

在二〇一六年寫下這些文字時，也難怪很多人都因為前所未有的變化而迷失了方向，問自己非常常見的問題：現在該怎麼辦？身為企業家，我看到客戶的需求變化劇烈。他們再也不買我們提供的產品。現在該怎麼辦？我被一家大型軟體公司解雇了。科技業停止了招募。現在該怎麼辦？還有五年就到退休年齡，我的401(k)退休金減少了百分之五十。現在該怎麼辦？家裡人口愈來愈多，我正在職業生涯的全盛時期，但薪資凍結了兩年多。現在該怎麼辦？

這些都是合理的問題，沒有快速、短期的答案。然而，這個問題有個範圍更大、更長期的答案，無論是現在還是未來，都對你有好處。你現在該做的是發展和培育你的根系。

根系究竟是什麼意思？我指的是一套永不改變的強大基本原則與實踐方法，在快速且意想不到的變化出現時帶來滋養。史蒂芬．柯維在經典著作《與成功有約》

中說得最好：「如果內心深處有一部分堅持不變，你就能掌握生命表面的變化；但如果內心深處變化莫測，你就會過得很辛苦。」

換句話說，就像一棵橡樹，在變革之風及偶爾的狂暴颶風想要摧毀你的時候，你需要可以提供養分的根系。你的任務是順應變化，同時堅持信念——就是你的根。

我想到了三種根，可以為我們提供滋養，在什麼樣的經濟、社會或文化環境中都能保持穩定。

1. **培養緊密的親友網絡。**很多人被解雇，或看到自己的生意在嚴峻的經濟景氣中下滑，發現大多數人已經忘記的真相：生意就是生意。歸根結底，不是家庭、身分或社交生活。生意對員工及企業家施加難以置信的要求，以提高競爭的效益，所以我們花更多的時間工作，隨著時間過去，不知不覺忘了生意就是生意。

你的配偶、孩子、家族及密切的友誼必須定時給予養分。在瞬息萬變的世界裡，人們愈來愈頻繁更換工作與地址，生活中唯一不變的就是我們愛和關心的人。追求偉大的目標時，他們提供讓我們靠上去哭泣的肩膀，當我們的啦啦隊，也提供機會以更有意義的方式為他們的生活做出貢獻，這樣的意義遠超過純粹的經濟交易。

然而，令人難過的是，當市場需求呼喚我們的時候，這是第一個被擱置的領域。你必須找到有創意的方法，偶爾暫停市場運作，為所愛的人騰出時間。

2. 研究及實踐你的靈性傳統。天主教、基督教、猶太教、佛教、伊斯蘭教、印度教、道教——宗教的清單寫也寫不完。專家說，除了主要的宗教以外，全球有一千多個較小的宗教與哲學體系。即使對不相信上帝或不相信「上帝」傳統意義的人來說，願意的話，也有哲學性的「宗教」，例如人文主義。

美國文化中的宗教習俗非常多樣，顯然可說是人類的重大需要；這一類的需要數千年前就出現了，從狩獵採集發展到農業和工業，最後來到資訊經濟。很可惜在許多人心目中，這個需要不知怎的變成無意識，沒有得到該有的注意。很多人可能每星期向靈性服務報到一次，說出一般死記硬背的禱詞，或在與朋友聊天時自稱有精神信仰，但很少人能把靈性生活融入到自身存在的最深處，並把這件事看成很重要的研究及有意識的日常實踐。

不論你對上帝有什麼定義，或相不相信上帝的存在，正如史考特・派克（M. Scott Peck）在《心靈地圖 I》（*The Road Less Traveled*）裡說的，每個人都有信仰。在研究信仰時，保持意識清醒，多花一點時間。每天早上起床後，進行與你的宗教傳統相關的儀式。更深入參與敬拜場所或協會的活動。當志工。深深扎根。這些根會激勵你接下超越俗世的任務——為你提供燃料，將你推向目標。更重要的是，你因為痛苦無比或困惑而質疑存在的真實意義時，這些根會支持你。

3. 多軌發展你的事業。在我們父母那一代的成長過程中有一句流行的說法，今日仍有很多個人發展講者會一再提起：「把所有的雞蛋放在同一個籃子裡，然後盯著那個籃子。」在我看來，這是舊時代的建議，以經濟的角度來看，已經失去了意義。暢銷書作家兼演說家羅伯特・艾倫（Robert Allen）有個很暢銷的南丁格爾－科南特有聲節目《多重收入來源》（*Multiple Streams of Income*），節目標題捕捉了頂層1％實踐的個人經濟學新方法。你需要從多個來源創立收入，最好是被動收入，如此一來即使一兩個來源枯竭，其他來源會繼續流動。

即使未來學家構想的奇點還有一段時間才會到，毫無疑問的是明年要面臨的變化會比目前面對的更加極端。在這樣的情況下，不論是什麼工作或企業，都更容易受到打擊。與其只為了讓自己變得「不可或缺」或「在競爭中領先一步」而奮鬥，不如把雞蛋放在幾個籃子裡，也就是幾項可能產生收入的投資行為。也許可以把愛好變成副業，或購買房地產之後當房東。也可以很簡單，透過有效的人際網絡，讓你的工作潛能保持在數個軌道上行進，如果工作因經濟寒冬而走下坡，專業發展的機會能讓你在經濟季節開始升溫的地方安全降落到新的工作上。

將這些想法牢記在心。集中努力，用三十天的時間將這些想法灌輸進日常的思考、生活和行動方式。深深地扎根，變革的風永遠不會摧毀你。你會順勢屈服，並面向光明。

13

解決問題的人

頂層1%如何欣然接納企業家的心態

二〇〇一年九月十一日是美國人永遠不會忘記的一天。美國歷史上最嚴重的恐怖攻擊所造成的大屠殺有很多紀錄，我不需要詳細說明。

這攸關命運的一天，令全美國的人痛心疾首。的確，從那一天以後，美國及世界上其他國家所面臨的挑戰似乎不斷翻倍，以至於相較之下，九〇年代看起來就像卡美洛時代（亞瑟王治下的黃金時代）。

雖然美國人都不會忘記二〇〇一年，但許多人卻忘了美國在二〇〇五年蒙受的許多挑戰。在那一年，武裝部隊裡極其勇敢和忠誠的男女士兵繼續擊退伊拉克的叛亂分子，但看不到明確的結局。卡崔娜颶風重擊紐奧良，造成有史以來最嚴重的自然災害，颶風對密西西比州和佛羅里達州的城市、郊區及鄉間造成重大損失。石油和天然氣價格攀升，股市長期處於停滯狀態，有關禽流感的警告甚囂塵上。

到了二〇〇八年，股市不再處於停滯的型態；全面崩盤。房地產價格暴跌，被法拍的物件數目飆升。消費者信心來到有史以來的最低點。在二〇一六年寫這本書的時候，經濟已經穩定下來，但很多人仍感到不安。企業繼續應付現代最大的悖論：為了保持全球競爭力，外包實際上已經變成必要的做法，但外包在同時也會威脅個人的職涯，並在某些地方威脅到美國未來的競爭力。我最愛的美式足球隊是聖母大學愛爾蘭戰士隊，要不是他們一路殺進菁英八強，我會把這一年稱為「考驗我勇氣的一年」。

然而，面對所有這些挑戰及其他種種，我對未來並沒有失去一絲樂觀。你也不需要變得悲觀。為什麼？成群的政治人物、經濟學家、特殊利益團體及「談話性節目」的名嘴忙著抱怨、指責和找藉口的時候，就很容易讓人相信美國已經失去了優勢，一切都搖搖欲墜。

我為什麼這麼樂觀？因為美國有一群人，未來就屬於他們。企業家。如果你擬定了計畫，要加入頂層1％，就可能要考慮自己也成為一名企業家（如果目前還不是的話）。

韋伯字典對企業家的定義是「組織、管理及承擔生意或企業風險的人」。其他地方甚至能看到更複雜的定義。鮑伯・萊斯（Bob Reiss）是一位成功的企業家，著有《低風險、高回報：以最低風險創辦及發展小型企業》（*Low Risk, High Reward: Starting and Growing Your Small Business with Minimal Risk*），他說：「企業家精神是認知到機會並予以追求，並不考慮目前能掌控的資源，有信心自己能夠成功，並能按需要靈活地改變方向，加上從挫折中反彈的意願。」

看看這些定義中用的字詞——組織、管理、風險、追求、信心和反彈。都不是表示被動的字詞。每個詞都傳達出積極主動的氣息。事實上，如果要將這兩個定義簡化到其本質，我會將企業家定義為「透過解決問題，讓自己和他人生命變得更豐富的人」。我相信我們不僅會碰到前面討論過的挑戰，還能夠解決這些挑戰，因為企業家忙著謀生的方法是迫切尋找辦法來解決困擾人類的問題。

伊拉克舉行民主選舉時，除了美國身著制服的勇敢軍人外，企業家也爭先恐後設立企業，來服務充滿機會的新市場。少了企業家的努力，該地根本無法建立能施行的長期民主制度。儘管在紐奧良經歷悲慘的災難後，全國各地的美國人都願意貢獻時間來服務當地有需要的人，但也是靠著企業家負起大部分的責任，重建這座城市、建立新企業，最後讓紐奧良再次成為人們樂於居住和工作的所在。全球各地的企業家目前都在尋找新的再生能源，以幫助美國脫離對石油的依賴。企業家經營的事業已經開發出疫苗，保護人類免受禽流感侵害。也是企業家努力提供各種的新型教育形式，保持人口的競爭力，準備好應對全球經濟的挑戰。確實有很多人靠著自己的努力致富，但企業家的行為讓遵行誠信的人最終能服務數百萬人。

如果這些大規模的宏觀經濟效益不足以說服你成為企業家，還有很多微觀經濟的理由。首先，由於企業裁員已變成常態，外包在可預見的未來會繼續興起，你其實只有兩種選擇：⑴辭職，並成為企業家；⑵採納企業家的技能並應用到職場上。

我們等一下會討論這些技能（或決定），但真的沒有第三種選擇。企業晉升制度已經消失了。在現實中，或作為心理典範，企業家精神都是通往經濟安全的唯一途徑。

此外，在全年無休的世界裡，一定要對自己的工作時間表有一些掌控，才能維持生活中的平衡。沒錯，局勢已經逆轉了！諷刺的是，很多我認識的企業家現在比美國企業界的人有更高的彈性和平衡。無須應答老闆的吩咐，可以自己作主。

再者，企業家生活就是做你喜歡做的事，並以此維生。在我遇過的企業家裡，只有幾個人討厭自己做的事，渴望回到朝九晚五的上班族生活。許多企業家創業的主題符合主要的個人天賦及熱愛的事物，並圍繞著這些題目制定可獲利的商業計畫。事實上，《紐約時報》專欄作家湯馬斯．佛里曼（Thomas Friedman）在他傑出的經典著作《世界是平的》（*The World Is Flat*）裡討論全球經濟中新型企業家的崛起：具有社會意識的企業家。與我前面的敘述類似，這些企業家正在做他們喜歡的事情，用企業家的技能來解決今日一些重大的經濟、健康和社會弊病。

最後，關於這個主題有無數的書籍透露，談到企業家精神，只有一個遺憾：從來不去嘗試。會後悔成為企業家的企業家很少，即使是那些生意失敗後再回到一般工作崗位的企業家。大多數人都像我的好朋友唐，他第一次創業失敗後，在美國企業界工作了幾年，從第一次失敗中吸取了教訓並獲取更多的商業經驗後，再度投入創業。十四年後，他的成就非凡。

就是現在，我可以想像你的腦海裡或許盤旋著三個問題：⑴丹，我現在不是企業家。我要做什麼才能成為一名企業家？⑵丹，我已經是企業家，但我還沒成功。你剛才討論到的好處，我當然覺得我得不到。為什麼不行？⑶丹，出於個人原因和幾個其他的理由，我就是無法成為企業家。這一章提出的想法對我有什麼幫助？

你等一下就會看到，問這三個問題的人讀完這一章，都能從中獲益。

我想介紹一位我最喜歡的作家、教練和企業家精神思想家丹・蘇利文提出的幾個概念。除了擔任「策略教練」（服務全球企業家的終身教練公司）的總裁，他也寫出很棒的有聲節目《純粹的天才》（*Pure Genius*）和暢銷書《人生成長的十堂課》（*The Laws of Lifetime Growth*）。丹的想法對我的人生有相當大的影響——事實上，他說服我走上企業家之路，成立靈感工廠並擔任總裁。

丹認為，任何人都可以做他所謂的兩個企業家決策來成為企業家（或「內部創業家」，即在公司的界限內擔任員工，但採行企業家心態的人）。事實上，丹斷言，如果你做這兩個決定並付諸行動，你就變成了企業家。請看：

第一號決定：我的經濟保障將完全依賴我自己的能力。

第二號決定：我要先為別人創造價值，才能期待機會降臨在我身上。

你看，如果牢記在心，這兩個決定將完全改變你對世界的看法。做這兩個決定，並採取行動，無論選擇什麼行業或為哪家公司工作，你已經奠定了成功的基礎。

對自己誠實。即使你已經在經營自己的事業，你真的做了這兩個決定嗎？你私底下是否仍像一般雇員一樣行事，期望僅僅「努力工作」就能帶來收入？你的產品或服務能不能真的為市場上其他人創造價值？你的產品或服務是否與眾不同，或跟數百種在客戶心目中無法脫穎而出的商品一樣？

第一次做這些決定，或在更深刻、更誠實的層面上考慮這些決定，你可能會得到正在尋找的答案，在你的業務上實現更高的成就。

最後，你能否看出，受雇於公司時做出這些決定，會讓你從同儕中區隔出來，讓你進入管理高層？在你的公司裡，多少人真正依靠自己的能力來獲得經濟保障，而不只是期待薪水，而不管自己在工作上付出了多少努力及有創意的思維？你在公司裡的薪酬能如何重組，以便從自己的底線結果中獲取百分之五十以上的報酬？你能否看出這會帶來完全不同程度的經濟成功，重燃你對工作的渴望和熱情？你能怎麼樣找到方法來為公司增加價值，即使超出了自己的工作內容？

你可以參與這些企業家決策，在本質上成為公司結構中的企業家。看你如何選擇。別忘了，在二十一世紀，這是唯一能得到回報的選擇。

做這兩個企業家決策，加入頂層1%的行列，變成世界上很幸運的那一小群人，他們謀生或變得富裕，不是透過剝削，而是透過解決人類的問題。

14

夢想的工作

頂層1%如何選擇謀生的方式

達到成功的頂峰，進入頂層1%，是本書既定的目標，我也希望是讀者的目標。當然，第二個目標就是以自己夢想的工作為憑藉，才能夠實現本書的目標。確實可以說，以自己喜歡做的事為事業，是事業成功的最佳途徑。孔子就說過，「知之者不如好之者，好之者不如樂之者。」意思是選擇自己喜歡的工作，這一生每天都會樂在工作。

進入商業後，無論是員工還是企業家，幾乎目標都是夢想的工作，從高中畢業後，開始為職業生涯做準備，這個概念就刻進了腦海。這份夢想的工作就像夢想的汽車、夢想的房子、夢想的配偶或夢想的生活方式，總是一個可以在「外面某處」

獲得的東西。但我們不太容易相信自己真的快要拿到這些東西了。

令人難過的是，大多數人似乎都落入了這樣的陷阱，以為只有少數天選之人才能有夢想的工作，像是職業運動員、知名演員或電視名人之類的人，就活在我們眼前，卻不是我們有可能達到的目標。

但實情並非如此。在魔法背後的迷思是，你不需要是名人或運動員才能得到夢想的工作。夢想的工作其實伸手可得。事實上，很有可能就在你腳下。這一章的目的是給你幾個想法，可以用來將現在的工作或將來可能從事的工作轉變為夢想的工作。你可能以為自己必須加入下一季的《誰是接班人》（*Celebrity Apprentice*）才能贏得夢想的工作，我要幫你免除那種期待中獎的心態，在你自己的實境秀裡擔任明星——你的節目可以叫《捕夢人》。我想，我的方法會讓你覺得更滿足。

1. 你終極的夢想工作是什麼？用五句話寫出夢想工作的具體內容——薪資、福利、重點、地點等等。要講求實際。在說「夢想的工作」時，確認「夢想」包含所有你重視的生活要素——事業發展、家庭、社群等等。也就是說，如果你只考慮公司和工作，而不考慮要花百分之七十到八十的時間通勤，夢想的工作可能很快就變成惡夢，因為影響到整體的生活。確認你考慮到所有的因素。

2. 調查目前的工作和職位。與上面的描述有多接近？你可能會很驚訝，尤其是考慮到全盤的人生時，現在的工作可能比你認為的更接近夢想的工作。如果你發現夢想的工作不在另一個組織，就在你目前的組織裡，那麼你有兩個選項。

第一個是工作塑造（job shaping）的概念。在目前的工作環境中，有才華的員工非常稀罕，雇主願意不計一切留住最優秀的員工。有興趣的話，可以閱讀費德列克．雷克海（Frederick Reichheld）及湯瑪斯．提爾（Thomas Teal）撰寫的傑作《忠誠效應》（*The Loyalty Effect*）中的相關研究，這本書由哈佛商業評論出版社出版。他們的研究報告在組織中更換中階到高階員工的財務成本，十分驚人。這項事實或許對你有利。在你的崗位上退後一步，把你的工作看成黏土，可以揉捏塑造成理想的形狀。然後與上級合作，融入更多能帶來成就感的元素，進而讓你給公司更多貢獻，同時盡量減少或消除在工作上你不喜歡的地方。或者，如果你很喜歡你的組織，但對公司的另一個領域更感興趣，可以平轉到其他職位。例如，從公關部門轉到行銷，或從銷售團隊轉到網路團隊。如此一來，可以留在喜歡的公司，同時獲取更多技能。最後，你現在或許熱愛工作的各個方面，但發現這份工作耗盡了精力——讓生活失去平衡。

幾位經濟學家指出，在九〇年代這十年中，員工的重點從薪資數字（八〇年代的真言）轉為生活品質。在這十年，出現了《家庭與醫療假法》（*Family and Medical Leave Act*）、工作共享、彈性工作時間及遠距辦公。

到了本書寫作的二〇一〇年代晚期，你很幸運，大多數雇主更在意工作與生活的平衡，也料到員工在工作中需要更高的彈性來達成平衡。你可以善加利用這一點。如果你熱愛你的工作，但想不起來上次送小孩上床睡覺是什麼時候，可能就需要與雇主討論如何達到更平衡的狀態。或許可以每個星期在家工作一兩天，早點開始也早點結束，或有四天安排較長工時，有一天休息。可能性無窮無盡。

3. 尋找更好的職位。分析目前的行業、公司和職位之後，你仍可能直覺想到會有其他更好的職位。但怎麼確定呢？保羅・皮爾澤（Paul Zane Pilzer）在他的有聲節目《財富之泉》（*The Fountain of Wealth*）裡給了答案。他稱之為「百分之五十規則」。加入新公司或創立新的公司時，通常百分之九十五的輸出是學習，百分之五的產出是做你已經知道如何做得很好的事情。過了幾個月或幾年，很有可能仍有百分之六十的時間用於學習，百分之四十的時間在做你知道如何做得很好的事情。一旦這兩條線交叉，百分之五十一、百分之六十或（對於大多數人來說）可能有百分之九十五的時間都在做你已經很熟悉的事情，這時就要前進了。在要求成長和貢獻的經濟中，無論薪水是多少，都不能讓技能萎縮。

同樣地，你運氣很好，握有有生以來最多的資源，可以跳槽，不僅換到新工作，而且換成你夢想的工作。從統計數字來看，百分之七十五的職位來自人際網絡（尋找適合你的獨一無二夢想工作時，這個數字甚至有可能更高），所以這就是你的起點。透過網路，可以取用形形色色的人際網絡資源：符合你專業的協會、大學校友資料庫、社群和志工組織，其中的成員包括社群內多位最成功的領導者——範例不勝枚舉。

為了涵蓋剩下那百分之二十五的職位，網路也更新了招聘廣告。Monster.com、sixfigurejobs.com、indeed.com和jobs.com等許多求職網站不僅提供你所在區域的全球職位清單，也提供各種能想得到的職業類型和履歷建議，讓你走上正軌。

4. 創立你夢想中的生意。在你的夢想工作中，或許當自己的老闆是一個要素，而且你也想消除所有的辦公室政治。或者你可能決定你的夢想非常獨特，沒有符合夢想的職位。在這種情況下，你就被召喚加入企業家的世界，去做企業家最會做的事：創造獨特的機會。本書的出版商吉爾登媒體有許多針對這個目的的出版品。我最喜歡的是維林德·賽爾（Verinder Syal）的《發現內心的企業家》（*Discover the Entrepreneur Within*）。這本書逐步教你如何配合你的人生，創造出成功的企業。

無論選擇哪些資源，如果你排除了上面概述的前三種途徑，你的命運或許就是成為企業家。好好研究一下。這是非常獨特的召喚，但也只有這條路會讓你找到夢想的工作。

最後，我想說我個人關於追求夢想的想法：愛你所愛。我指的是不要屈服於壓力而去追求「看起來不錯」的工作機會，或其他人都期待你去追求、但你意興闌珊的機會。

一位拿到哈佛大學工商管理碩士的好朋友告訴我，他感受到無窮的壓力，要用這個學位「做大事」，並與大多數同校的碩士畢業生一樣，從事投資銀行的業務。鉅額金錢、很高的聲望及奢華的生活方式等著他去享受，但只有一個問題：他痛恨成為投資銀行家的想法。他的夢想是幫助公司招聘高階人才，所以他創立了自己的高階人才招聘公司，營運很成功。他把這種熱情帶到生意上，所以創立招聘公司，以獨特的商業模式重新定義這個行業。要記得，這世界上只有一個你，而且你需要每天二十四小時對著自己。只有你才能定義什麼會讓你感到快樂。

15 坦伯頓測試

頂層1%人如何為退休做準備

我必須承認，在接納大多數人稱為「常識」的東西時，我有點奇怪。例如，大約二十五年前還沒結婚的時候，我住的「雙層公寓」❶在芝加哥小熊隊的主場後面，也就是偉大的瑞格利球場，不過我是狂熱的白襪隊球迷。高中時的朋友大聲播放威豹樂隊（Def Leppard）及扭曲姊妹（Twisted Sister）時，我在青少年時期卻多半都在聽七〇年代的音樂（到了快五十歲還是一樣）。大學畢業前只修了一門商業課程，大一的必修課，其他的課程都集中在文科上，但畢業後的時間都在商業界

❶ 芝加哥特有的雙層建築，外型是兩層樓的房子，而每一層都是一戶獨立的公寓。也可能有三層樓或四層樓。

工作。政治上，我的觀點似乎跟兩黨都不相符——我自稱是個激進的溫和派。運動時，我會聽廣播的談話節目。我喜歡把我的吐司烤焦。奇怪嗎？

因此，我雖然不等別人說就承認我的「非線性」天性，但我不得不說，我一直不懂美國人一提到退休就繞著財務打轉的心態。我記得在高中的消費者教育課程第一次聽到「統計數值」（the Statistic）的說法。「統計數值」是什麼？你應該在無數的心靈勵志研討會及市面上幾乎每一本金融書裡聽過或看過這個說法。其實厄爾·南丁格爾在他經典的有聲節目《最奇妙的秘密》（*The Strangest Secret*）裡也介紹過他所理解的「統計數值」。根據近期的經濟數據，「統計數值」是這樣的：在每一百名到了六十五歲退休年齡的人裡面，有四個人財務獨立，一個人很富有，其他九十五個人會破產。

這個統計數值有很多不同的陳述方式，多年來數字只略有變化——基本上朝著負面的方向。事實上，這就是為什麼本書的目標是讓你進入頂層1％——保障你永遠不必擔心退休，可以專心為你在地球上寶貴的日子增加價值。

無可否認的是，這個統計數值確實喚醒了一般民眾，讓他們意識到需要打理自己的財務。總的說來，那也不是壞事。但頂層1%的成員，或想加入頂層1%的人，都需要面對一組重要的問題。執著於為「黃金歲月」做好財務準備，是否讓我們在年輕時付出了重大的代價？要在六十五歲前成為百萬富翁的念頭是否變得過於重要？我們充分活在當下的能力是否因此遭到掩蓋？最重要的是，我們的退休生活是否因此得到了過薄的虛飾——純粹變成財務上的解脫，讓我們活得輕鬆且奢侈，毫無憂慮？

不要誤解我的意思。我知道在到達退休年齡時，財務保障及財富都是很棒的資產。但放在更大的脈絡中，也就是我們退後一步，並從更廣的角度來定義退休，這時金錢才是資產。畢竟，如果沒有所愛的人可以分享、沒有花錢的目的、沒有健康的身心來體驗，銀行裡的數百萬美元有什麼用呢？

大約十七年前，我遇到了一個超乎想像的人，我當時學到關於退休的想法在他面前全盤遭到抵觸。在我有機會遇到的頂層1%成員中，他可以說是令人印象最深刻的。他就是約翰·坦伯頓爵士（Sir John Templeton），也是富蘭克林坦伯頓投資公司的創辦人。約翰爵士在二〇〇八年去世，在世九十五年的充實程度應該到了人類想像的極限。在一生中，他是地球上名列前茅的富人，擁有數十億美元的財富。

我很幸運能與約翰爵士合作，製作《內在財富法則》（*The Laws of Inner Wealth*）這項產品，詳細介紹他的心靈豐盛哲學。所以我要去見他，一個擁有的金錢比數百萬人加起來還多的人。如果說誰有權六十五歲在巴哈馬的家中退休，過得很放鬆，有時間玩沙狐球（shuffleboard），就是在說他了。前往他位於巴哈馬拿騷的辦公大樓之前，我期待那裡富麗堂皇，約翰爵士讓僕人照顧得無微不至。我也預計時間很緊的專案會困難重重，因為約翰爵士那時快八十六歲了，或許寧可做其他的事情，而不是錄製有聲節目，我以為是基金會的主席逼他做這件事。

到了約翰爵士的辦公室，我大吃一驚。非常舒適，但跟富麗堂皇扯不上邊。事實上，他的辦公室非常低調，擺了舊家具、舊的黑色類比電話機，以及堆滿進行中專案文件的辦公桌。咖啡桌上滿是最新的報紙和雜誌——表示這個人一定很關心世界各地的現況。然後約翰爵士進來了，輕快的步伐帶著二十一歲的能量、淺藍色西裝和領帶的整齊裝扮，並用他富有感染力的標誌性微笑歡迎我。他向我伸出手，握手的力道很堅定，說他很期待能錄製這個節目，有機會討論他名下的約翰坦伯頓基金會想在現代世界培育的心靈原則。

我們一天就把他的片段錄好了，只能說這位作家的技藝特別高超。約翰爵士和我其他的合作對象一樣專注。但他也知道自己的極限，每九十分鐘會小睡一下，恢復豐沛的能量和耐力。

與約翰爵士碰面後，我對退休的看法大幅改變。約翰爵士擁有的金錢遠超過大多數人能想像得到的——在退休的日子享有頂級的財務保障。然而，他在八十六歲時的精力、專注程度及幹勁可能與半個世紀前創立坦伯頓共同基金時差不多。約翰爵士不但沒有退休，也沒有慢下來，到了晚年，他的注意力轉向畢生的熱愛——幫助宗教和靈性進步的程度能達到科學在過去百年來取得的進展。為了實現這個目標，他的基金會每年都會頒發非常豐厚的慈善獎項給「為肯定生命的精神層面做出傑出貢獻的在世人士」。

在錄製前後，約翰爵士聽取與基金會工作相關的各項專案簡報，他的時間表似乎和其他的企業執行長一樣吃力。在這裡，我面前是一個活生生的例子，抵觸我對退休生活的所有想法。這位先生並沒有從任何事「退休」；只是繼續邁進人生中充滿刺激的新階段。

經過這次的體驗，我找出約翰爵士遵循的四項策略，我相信仿效他的策略可以帶來更豐富、更全面及更有意義的退休生活：

1. 在六十五歲的黃金年齡前，就為退休生活確定更大的目的。這個想法比能存下多少錢更重要。約翰爵士對他的基金會有一個願景，因此給他非常強大的目的，強到讓他跟比他年輕很多的人一樣充滿活力和專注力。

統計資料顯示，無論有多少錢，退休都是許多人一生中所經歷最艱難的轉變。事實上，退休後發作心臟病及憂鬱症的現象極為普遍，尤其那些突然從工作轉向沒事做的人。為什麼？並不是我們完全不想放慢腳步——就連約翰爵士也需要小憩一下。關鍵是確立更大的目的，畢竟退休佔了生命中近三分之一的時間。

2. 對健康的投資要超過儲蓄的存款，來為退休做好準備。同樣地，根據統計資料，在不久的將來，大多數人無法在六十五歲的黃金年齡退休，主要是出於財務考量。此外，如我剛才所提到的，由於醫療保健的進步，這一代的人會享有史上最長的退休生活，預期壽命將大幅上升。你不會想在醫院的病床上度過這些歲月、因為重大疾病而行動不便，或因體重超重而嚴重限制行動能力。

約翰爵士是健康的榜樣——顯然是終生投入健康的成果。他體態良好、身材勻稱、精力充沛。而且他知道自己的極限，將自己推向極限卻不會超過。現在對健康進行投資，以後就可以收穫效益。

3. 按照你的生活方式和個性來規劃退休生活。什麼時候退休、應該有多少錢或退休後該做什麼，並沒有固定的公式。事實上很多人覺得退休的想法很討厭。他們寧可繼續做一直在做的事情——為什麼有人叫你不要工作，你就退休？約翰爵士讓我想起史蒂芬·波藍（Stephen Pollan）的著作《死時破產》（*Die Broke*），這本書的道理深刻但不守常規，波藍在書裡選擇了新型的退休——尤里西斯模式。引用史蒂芬．波藍的話說：「與其把你的生命看成有限的，就像爬到一個隨意的固定點——六十五歲——然後停下來，不如把生命當成一場冒險。和尤里西斯一樣，你踏上旅程，翻山越嶺，死亡是唯一已知的結局。不要接受別人的評斷，說你的旅程何時該結束。在前往新經濟時代的旅程中，自己尋找方向，自己做決定。」我想不到更好的說法了。

4. 最後，必須說財務確實很重要。但是，就像前面說過的，金錢的重要性僅在於可以幫助你實現預定的退休目標。至於那些公式和表格，告訴你要有多少錢才能過著舒服的退休生活，就忘了吧。方向盤握在你的手裡。決定了目標以後，按著目標調整投資和儲蓄。約翰爵士的目標充滿抱負，需要大量資產來執行；你的目標可能也有差不多的程度，或保守一點。你拿著鑰匙。等你完成前面討論過的前三個步驟，第四個步驟就更容易執行。

因此，與其被「統計數值」嚇得膽戰心驚，更重要的是問自己是否通過了坦伯頓測試。如果沒通過，以全新的眼光檢視退休的目標。把自己想成尤里西斯，要踏上一場大冒險。你的目的地是頂層1％——無論面前有什麼挫折或挑戰，把注意力放在目標上，忠於你的決定，要取得非凡的成功，你就會到達目的地——就像海洋客輪一定會抵達港口，儘管在旅途中有超過百分之九十的時間會稍微偏離航線。

對了，還有，把關於退休的無用「常識」都丟掉吧。聽我這個內行人的話——「常識」不像大家心裡想的那麼厲害。

16

自我認知的力量

頂層1%如何練習堅定自信的技能

每個星期六下午的例行公事是割草、修剪和施肥，幾年前，完成這個儀式（有些人稱之為「每一個男人的天堂」）後，我坐下來看CNBC的談話節目，主持人是已過世的提姆．拉瑟特（Tim Russert）。提姆真的太早離世了，我很想念在新聞界活躍的他。我很敬重提姆，我認為他是電視上最公平也最強韌的一位記者。看到他會讓我滿心寬慰，完全不像每天在電視和廣播上怒吼的惡霸——但那些人似乎變成了現在的主流。

因此在那天，他宣布有一位來賓是電視上最出名的怒吼惡霸，我當然吃了一驚，這個人的名字就不說了，他受邀與來自政治光譜另一端的經濟學家進行辯論。

過去幾年內，如果看到這位在本書中不具名的名人簡介，最常用在他身上的一個形容詞是「堅定自信的」。而且，在採訪開始五分鐘後，這個人一點時間也不浪費，完全符合他的名聲（或惡名）。我難以置信地看著他和經濟學家辯論的方法是對著對方大喊大叫、對著他的臉揮舞手指、辱罵，並用蔑視的眼神看著對方，就像成年人看著犯錯的孩子。

好尷尬，就連向來能把節目控制得很好的提姆．拉瑟特也一臉震驚，那天就是我看過少數幾次場面失控的其中一次，他差點開始純粹出於同情而袒護經濟學家。看著那人裝模作樣，然後厭惡地關掉電視，我突然領悟眾人可能混淆了真正的堅定自信（提姆．拉瑟特就是很好的榜樣）以及不具名名人展現出的侵略、霸凌的戰術。

很可惜，總的來說，媒體和我們的文化已經走向霸凌的道路，而且走得太遠了——使用吼叫、脅迫、人身攻擊及狡詐的辯論技巧——而不是使用真誠的文明對話或真正的堅定自信。

儘管眾人仍搞不清楚什麼是真正的堅定自信，但毫無疑問，學會運用這項技能一定是成功的要素。事實上，可以說學習堅定自信的技能便是關鍵，讓你能展現其他才能或天賦。很高的智商、非凡的才華或能力，或出色的判斷力，如果無法表現出來，你這些秘密就永遠不會有人知道。

可以想成太陽的光線。太陽一直在天上，但陰天的時候我們看不到太陽的光芒，彷彿就這麼消失了。太陽仍在釋放所有的熱能及照亮天空；只是移出了人類的視線。然後，突然之間，幾片雲散開了，我們見證美麗的景象，太陽光像雷射光束一樣射出來，照亮鄉間。堅定自信的技能讓我們能夠適當展示擁有的天賦，穿過懷疑和恐懼的覆蓋，照射出光芒。

當父母的人都能察覺到這對孩子未來的成功有多重要。我記得很多年前與妻子和三個孩子在奇波雷（Chipotle）吃飯，那是斯特魯策爾一家人至今最愛的餐廳。女兒凱拉當時八歲，有點害羞，我和妻子一直努力給她小小的機會，在公共場合展現自己的個性（如果你有孩子，你會同意孩子在家裡要展現個性，一點也不難！）。墨西哥捲餅準備好後，我要求凱拉起身幫我們拿食物，並跟店員多要一點辣醬分開放。唉，你可能會以為她被要求去談判世界和平條約。她支支吾吾，不肯去櫃檯，在座位上拖時間。經過爸爸媽媽的費心哄騙，她終於低著頭，抱著雙臂，拖著腳走到櫃檯前面。我和妻子微笑看著她，她好像輕聲對女服務生說了一句話。女服務生笑得很燦爛，把辣醬放在托盤上，對她眨了眨眼睛。幾秒鐘後，凱拉踩著輕快的腳步，拿著食物回來，頭抬得高高的，滿臉笑容。「爸爸，你的辣醬！」她說。我和妻子微笑，因為我們親眼看到凱拉的堅定自信有了一個很小的突破——如果她能好好掌握這項技能，就能帶出她極佳的天賦。

堅定自信有另一個常常會消逝的面向，但似乎隨著年齡增長會變得更為重要。牧師兼演說家卡爾．勒蒙（Cal LeMon）的說法也變成很有名的引言：「堅定自信不是你做的事情；而是你是誰。」堅定自信的核心是真誠地表達個人的本質，個人的獨特。如此一來，堅定自信的重點不是脅迫對方同意我們的說法，或給出我們想要的東西。不是變得比其他人更外向，也不是用操縱策略來得到注意，以便讓上級注意到自己。這些目標儘管都實現了，但我們仍無法通過卡爾．勒蒙揭露真實自我的測試。

不，變得堅定自信比較像是一個保護身分的過程。可說是學會某些特定技能，讓我們日復一日都很成功，同時並不損害誠信或放棄個人本質。

我們常會納悶，有些小孩兩三歲時看起來如此自信，表達能力很強，到了青少年時期和成年早期卻變得死氣沉沉和墨守成規。無論是在高中時加入「小團體」，還是在大學畢業後找到第一份工作並開始往上爬，似乎要遵守的格言就是想辦法融入。

可悲的是，太多的人融入後，就停留在這個階段裡。隨著時間過去，他們最終做出了太多妥協，以至於忘了自己的信念或自己的身分。這也是為什麼年齡增長後，即使是最內向的人也會自然而然地變得更堅定、更有自信。年紀愈大，愈不能容忍只為了順從而順從，我們開始收復自己的本質，以便在世界上留下自己獨特的印記。當然，本書讓你進入頂層1％的目標所遵循的路並不會要求你犧牲誠信或真實的自我。而是要你更完整表達自己的獨特，在世界上留下記號。

在這一章，我主要想傳達的訊息是，不要等到你再也無法忍耐必須拋棄真實自我的那個時候。從今天開始，保護真實的身分，實踐真正的堅定自信。有幾個建議，可以幫你實現目標。

1. **學會拒絕。**如果要達成生命中最高的優先順序，你必須學會拒絕一些事，因為這些事情會讓你偏離了最重要的事項。就像史蒂芬・柯維說的，「當更大的YES在內心熊熊燃燒時，」就很容易對微不足道的事說NO。排出明年優先順序最高的五件事，想清楚以後，好好學會拒絕其他人強加的活動和緊急狀況，因為那些事都不會帶你走向你最看重的目標。

2. **將「無雙的自我」應用在每一項你要承擔的任務裡。**已故的偉恩・戴爾寫了很多有史以來最暢銷的自我實現及靈性書籍，我很感謝他介紹了這個改變生命的概念。本質上，這個概念的意思是以自己獨特的方式執行每一項活動，抵制隨波逐流的誘惑。不論是做晚餐、談生意、跟家人去度假、寫詩，或養育孩子，每件事都要賦予自己獨特的天賦。經過消毒、用傳送帶的方法很制式，如果不適合你，就要抗拒跟風。

3. **在每種情況中，一定要釐清真相。**在職業生涯或個人生活中，你會常看到別人要代你發言，曲解你的感覺、你的喜好或你的信念，那些人有可能是你的老闆、朋友或配偶。在大多數情況下，他們的評估往往有誤。覺得別人對你的敘述不如實，一定要澄清真實的感受、喜好和信念。如果做不到，就等於把自己的一部分拱手讓人。澄清時帶著尊重，但要讓人知道你真正的立場。我很喜歡勵志講者利奧・巴士卡力（Leo Buscaglia）說過的話：「到了天堂，上帝不會問你為什麼表現得沒有別人那麼好，或者想法為什麼和別人不一樣；祂唯一的責備會是——『你為什麼不好好活出自我？』」

4. 學著提出異議，同時不引發不愉快。在生活中出現的各種情況裡，你和團體共識不同步，公司部門、家庭或鄰居中的每個人在特定的問題上都達成了協定，除了你以外。在大多數情況下，持不同意見的一方會保持沉默，更糟的是表現得好像與其他人意見一致。希望你不會這樣。試著以有禮貌且不卑不亢的方式提出異議，即使眾人的共識似乎違反你的想法。上帝創造你的時候，給了你獨特的心智和獨特的觀點。不去分享，公司的部門、家人或鄰居可能就此失去一份很重要的禮物。

練習這些技能，不需要強迫他人接受你的觀點，或利用操控手段來引起注意。

知道自己是誰，這股力量會吸引其他人來親近你。

17

要賣就賣解決方案

頂層1%的關鍵技能

「銷售的時代已經結束。」這是從九〇年代中期網際網路泡沫化的時候開始聽到的真言，在本書寫作的二〇一〇年代愈來愈自動化、行動化及消費者驅動的世界中也繼續流行。理論上愈來愈常見的情況是，我們不需要跟那些狡詐的銷售人員打交道，或被操控和哄騙購買。網際網路改變了一切。按一下滑鼠，顧客享有在家裡或公司裡的隱私，可以自己做決定，甚至按一下橫幅廣告的「謝謝，不用了」，就能抵擋住最厲害的銷售術語。CarMax等新興公司商業模式的核心是「不煩擾」的銷售人員，他們不靠佣金收入，在場「只是為了提供協助」。

的確，許多公司表現得宛若「我們不會想辦法賣任何東西給你」的策略絕對能帶來高額業績！但是，就像無糖、商店自有品牌的冰淇淋一樣，「不銷售」策略的承諾留給我很糟糕的後韻。我渴望真實的東西。銷售人員消失了，所以現在大家的電子郵件信箱裡裝滿了按下去也不會消失的垃圾郵件與橫幅廣告。再也沒有人賣給我保單，所以我現在必須篩選無數的保單，了解哪些比較合理，做一堆研究，但我本來可以用這個時間和妻子一起去鎮上參加最新的品酒活動，或看兒子的下一場七人制足球練習。我再也不需要與銷售人員討價還價，所以現在買車時只要付一筆固定的、不容變更的金額，甚至也無法利用談判技巧讓他們在合約裡加入幾次免費的機油更換。不是的，我們不需要擺脫掉銷售人員；只需要從自有品牌的冰淇淋換成哈根達斯——主力放在解決方案的銷售人員。

有些銷售人員仍堅持過時的舊式銷售技巧，把預定的產品或服務強加給毫無戒心的客戶，自然讓許多人心存反感。規則變了，動力除了來自網際網路，也有很大一部分來自顧客，他們愈來愈了解自己的選擇。大多數顧客很樂意把所有的空閒時間都用來篩選自己能選擇的產品及服務，可能是金融服務、汽車、電子產品或房產；前提是他們知道自己打交道的銷售人員是值得信賴的顧問，會引領他們找到適合需求及價值觀的解決方案。

這裡的關鍵問題當然就是信任。許多諮詢銷售流程專家都同意，成功售出的想法變得無關緊要。如果銷售人員把工作做好，讓產品與服務符合客戶的需要、願望及價值觀，結局則應該是「我們為什麼不繼續？」。與其花一整個下午搜尋數百家人壽保險公司和保單，我願意用這些時間換一位我可以完全信任的人壽保險業務員。我知道其他人也有同感。

現在你心裡或許在想：「我不從事銷售，我對銷售不感興趣。」即使你確實從事銷售，也可能會問這跟進入頂層1%有什麼關係。道理很簡單。銷售的技巧，尤其是「以解決方案為基礎」的銷售，是你必須發展的關鍵技能（無論你的專業標籤是不是「銷售」），才能大幅提高收入和總體淨值，最重要的是強化你身為人類的效益。《大觀》（*Parade*）雜誌的出版商亞森・莫特利（Arthur "Red" Motley）早在一九四二年就說過：「等有人賣出東西，才是一切的開始。」無論要銷售的是產品、想法、你的技能、你的生意，還是你自己——效益的開始和結束都是銷售。

幾年前，與戴爾・卡內基的組織一起開發新方案「戴爾・卡內基領導力精進課程」時，我們有個驚人的斷言：網際網路、電子郵件及日益「虛擬」的通訊類型會讓人際關係技能在未來更加重要。

很多專家的觀點恰好相反——透過電子郵件和其他非面對面的溝通，一對一的人際關係技能會變得愈來愈不重要。好好想想吧。在愈來愈虛擬的世界裡，愈來愈多人不熟練人際關係的技巧。他們只是缺乏練習。如果成為這個領域的專家，你會擁有很高的競爭優勢，你能想像有多高嗎？在過去幾個世代，面對面溝通就是日常，而這個優勢會讓你在未來更引人注目。

事實就是，人是社交動物。販售影片並沒有減少電影院的票房，在大房子裡裝設高科技廚房，餐廳在週末依舊擠滿顧客。銷售的專業和銷售技能也適用同樣的道理。我敢預測，最高等級、哈根達斯品質的銷售人員在未來甚至更有價值。但他們需要成為新品種的銷售人員——得到高度的信任。沒錯，網際網路可以輕鬆取代信任需求不高的銷售——支付水電費、預訂飯店或機票等。但在需要大量知識和投資的領域，高信任度、一流的銷售人員總會有一席之地。

不論銷售是你的專業，還是只為了推銷你的想法，你要如何提高其他人對你的信任？我要分享陶德．鄧肯（Todd Duncan）一些很好的建議，他是頂級的銷售培訓師，寫了《高信任銷售》（*High Trust Selling*）這本暢銷書。

在他的電子報《銷售連線》（*Sales Wired*）中，他建議要一片赤忱對待你銷售和服務的對象，在每一次建立新的銷售關係之前，問自己下面三個問題：

1. **服務這個人，能讓我覺得滿足嗎？**這個問題很重要，如果你的價值觀和銷售對象不一樣，即使眼前看不到問題，未來也可能有問題。如果你無法很自豪地將潛在客戶「帶回家給媽媽看」，或將潛在客戶介紹給最親近的朋友，很有可能你與他們建立的關係就只會留下心痛。

2. **我銷售的東西是否為這個人提供最佳的解決方案？**如果你賣的不是真正頂級的東西，那就開始賣真正頂級的吧。意思並不是你需要找新工作，去銷售所在領域中最昂貴的產品。如果你賣的是普通車款，搭配世界一流的服務及無與倫比的保固，你要銷售的是服務和保固——並告訴客戶他會得到什麼。絕對不要扭曲你的產品或服務。如果你從事不誠實的行業，那就離開銷售業。你做的事對任何人都不好——尤其是你自己。

3. 我提供的產品或服務是否符合這個人目前的生命歷程？不要把銷售專業變成說服其他人改變價值觀或期望的遊戲。聆聽潛在客戶的說法，然後決定向你購買產品或服務是否能讓這個人繼續走他最重視的道路。如果你的心念正確，你會想要確定他內心最深處的價值觀，並透過提供的產品或服務來滿足他最深層的期望。

無論是銷售產品、服務還是想法（例如你自己的生意），問上面三個問題，除了得到他人信任，也會成為新銷售革命的成員，你會覺得很有樂趣，證明那些「新經濟」預言家都說錯了！

18

永不乾涸的燃料

頂層1%如何培養熱情的態度

自古至今，哲學家和詩人一直在尋找幸福和成就感的秘訣。對這個主題有興趣的人可以去附近的大型書店逛一逛，或者上購書網站，並花幾個小時閱讀大量新舊書籍，尋找過得充實的完美配方。但如果你和我一樣，你會知道閱讀與實際的體驗可說是天壤之別。馬克．吐溫曾說，「我很老了，碰過很多麻煩，其中大多數從未成真。」我想改寫這句格言：「我是中年人，我度過許多快樂和成功的日子，其中大多數從未成真。」

不要誤解我的意思。我熱愛生活，我認為自己很積極地面對一切。但我也知道，閱讀或聽到有關成功的故事，就很容易幻想讀或聽的過程就等於真的活得快樂而成功。不一樣。想法必須靠行動來供給。幸運的是，我發現了完美的實驗室，在這裡可以實地觀察與塑造幸福和成就感的秘訣。最棒的是，你家附近就可以找到。

遊樂場。

很多年前，孩子還小的時候，在晴朗的星期六下午，如果妻子有事外出，我最喜歡做的一件事就是把三個孩子裝進車裡，到星巴克買杯咖啡，然後前往這個實驗室。我會打開車門，讓孩子（我們口中的「實驗對象」）自由行動，自己舒舒服服坐在公園的長椅上，開始分析。回顧那些年的一篇日記，舉一個我觀察到的樣本：六歲半的凱拉走向平衡木，來回走了至少六次，對著自己說話和大笑，一次也沒掉下來。四歲半的傑瑞米跳上靜止的摩托車，開始追逐想像中的強盜，輕鬆地在千鈞一髮之際避開想像中的建築物和路障，用嘴巴發出刺耳的輪胎聲音，可與史蒂芬・史匹柏最棒的特效媲美。對了，還有二十個月大的肯頓。肯頓在哪？就在那兒——躺著，把自己埋在木屑裡，眼睛望著天空，手指向雲層。在他口中，雲當然不是雲；他喊著「球球」、「車車」、「媽媽」，還有其他雲朵可以輕鬆變出形狀的名詞。

多麼美好的回憶！每次和孩子去遊樂場，都會看到幾十個孩子在沙坑裡蓋城堡，把鞦韆盪到最高，彷彿要碰到天空，倒著爬上「旋轉滑梯」，或抓著旋轉盤連續轉上幾分鐘。我坐在那兒觀察，偶爾看一眼手錶，覺得很驚訝：孩子似乎永遠不覺得疲倦。他們以無盡的熱情和放縱從一種活動轉到另一種。從來沒聽到孩子問父母現在幾點了，還有多久才可以離開，或說覺得無聊了。

他們的燃料永不枯竭。

永不枯竭的燃料，我們所有人與生俱來的權利，就是熱情的燃料。我的看法與一些勵志書籍相反，你不需要透過肯定和無止境的自省來騙自己感受對生活的熱情；對生活的熱情是我們與生具備的權利。只需要把它重新找出來。你對頂層1％的追求可能會提供起初感受到的能量和熱情，與以往的體驗都不一樣，但在某一刻以後，你一定會進入「沙漠」時期——那種熱情變成遙遠的記憶，日常的活動讓你感到無聊、精疲力竭、渴望支援。

對很多人來說，隨著歲月流逝，財務、專業、個人和精神的責任不斷增加，讓生活變得更複雜。我要如何供給家人的需求？我存了足夠退休的錢嗎？我真的在做自己喜歡的事嗎？我是否讓事業按著該有的方式進展？為什麼我的婚姻不能更美滿？我要如何才能花更多時間陪另一半，並給孩子們足夠的陪伴時間？我的人生究竟有什麼目的？我為什麼在這裡？在這一切中，上帝在哪裡？

想像人生是一顆朝鮮薊。我們對生命如孩子般的熱情及興趣都含在朝鮮薊的中心，但隨著歲月流逝，我剛才描述的每一個挑戰和問題都像一片朝鮮薊的葉子。每個問題、每個挑戰，都會添上一片葉子，熱情只留下一點點味道。我們很少有時間或精力將朝鮮薊剝到核心的地方。

我不想過分單純化，說所有過度世故的成年人只需要用點心，過得像個孩子就好。顯而易見的是，年齡逐漸增長，愈來愈成功，人生就會變得愈來愈複雜。成功及領導力叫我們不要迴避這些複雜和挑戰，反而要欣然接納，然後挑起它們的重擔。再次借用我最喜歡的作家丹．蘇利文說過的話，我鼓勵大家超越複雜性的最高限度，到達新的、「更高」程度的簡單。我們需要將市場及個人生活粗野雜亂的世界變成某種「遊樂場」。

下面是我觀察到的「遊樂場」規則。你可以運用這些規則，達到更高程度的簡單，並接通你的燃料庫：

1. **不論身在何處，都要專注於當下。**不斷約束你的頭腦和靈魂，全神貫注體驗你做的事情。如果光把頭腦裡的干擾減少百分之五十，你會很驚訝，居然能因此釋放出那麼多能量與創造力。看看冥想、放鬆和注意力的書籍及有聲節目，學會怎麼訓練自己的頭腦留在當下。

2. **按著自己的內在標準生活。**年齡愈大，我們似乎愈關心「鄰居朋友」在做什麼、他們怎麼活、賺多少錢、穿什麼衣服、孩子參與哪些活動，連他們的信仰我們都很感興趣。史蒂芬．柯維說得最好：「別再供認他人的罪行。」而我想補充：「不要繼續跟隨外來的暗示，而是按著對你最有意義的方法生活。」只有打開了噴口，才能連到你的燃料庫——而不是由別人來控制。我兒子傑瑞米不在乎其他小孩是不是在旋轉滑梯上玩得比他開心，他就忙著抓強盜和躲避建築物！

3. **調高好奇心的係數。**年紀漸長，就很容易被例行公事鎖死。起床、吃早餐、運動（希望能有這個時間）、讓孩子著裝去學校、上班、衝回家、吃晚飯、跟配偶聊起這天發生的事、幫孩子洗澡、在沙發上睡著——然後倒帶、重置、再來一次。例行公事最能耗盡我們的熱情。要如何擊敗這樣的常規？

當然可以嘗試稍加變動例行公事，但例行公事就某種程度而言是生活的要素，無法完全避免。較佳的策略是磨練好奇心及驚嘆的藝術。清晨花一些時間閱讀感興趣的事物，無論與你的事業有沒有關聯。不論在與人對話還是在撰寫商業簡報，務必放下「評判心」，打開「好奇心」。記著，如果更仔細一點觀察，就能看到那些雲霧中有一座金礦。

4. 最後一點，大笑吧。讓笑聲成為日常生活的一部分。用笑聲撫平生活中的困難處境，客觀審查愚蠢或瑣碎的申訴，並維繫牢固的友誼。我得出的結論是一個人的心理健康與每個星期捧腹大笑的次數有直接的關聯。正如聖經上說的，「哭泣有時，歡笑有時。」我的意思不是過分單純化，對每件事都要笑；生命不只是「小事」。但大多數人給淚腺的鍛鍊遠超過對腹肌的鍛鍊。

養成做這些事的習慣，寶貴的燃料永遠燒不完——那就是熱情的燃料。

19

長存的禮物

頂層1%如何區分智慧與知識

大家可能常聽到這句話：我們生活在資訊時代。聽到的頻率高到我們很有可能覺得理所當然。「對啊，是這樣啊，」我們心想，因為最新的經濟學家滔滔不絕，說現代人需要成為「知識工作者」，彷彿在舊時代工作的人都是不需思考的自動機器。「資訊時代」、「新千禧年」、「機器時代」、「虛擬實境」，這些過去十年的流行語確實都到了可以稱為陳腔濫調的地步。

這些說法或許已經很老舊，但我們不能否認它們的真實性。而上述流行語不容動搖，也證明它們的真實性。在生活的每一個領域，資訊淹沒了我們。每年推出的全新電子書數以萬計。對一般的主管人員來說，每天一百封電子郵件很尋常，生產力專家大衛．艾倫說，應該很快就會變成每天兩百封電子郵件。智慧型手機隨時可以上網，想買什麼產品、想投票給哪位政治人物、想住到哪一座城市，或想要約會的人，立即就能找到資訊。對，我們有很多資訊，很好。但是，真的好嗎？我相信所有的真相終究都是悖論，所以敢孤注一擲地說「很好，也很不好」。沒錯，資訊更多的話，當然能在數不清的地方讓我們的生活更豐富。有了更好的資訊，對購買的產品、居住的城市、孩子就讀的學校、使用的藥物及從事的工作，都能做出更好的選擇。沒錯，在重視自由和憎恨集中控制的民主社會裡，廣為流傳的資訊愈多愈好。

但我有一個同樣強烈的論點，從各方面來說，更多的資訊讓我們變得更貧乏——更缺乏智慧。我強烈懷疑大家都有這樣的感覺，而且有一段時間了。對，我每天要處理一百封（通常寫得很糟糕的）電子郵件，但幾乎收不到誠心撰寫、架構良好的信件。對，關於那位政治候選人，我確實得到了更多資訊，但要看我在讀哪一個網站，有的網站可能充斥著人身攻擊、未經證實的謠言及牛頭不對馬嘴的推論，我無法信任那個來源。畢竟，在網站上發布資訊，需要什麼資格？在過去三年讀過的數百本書裡，我認為其中十二本有足夠的智慧，值得在我的實體或虛擬書架上永久佔有一席之地。大多數的書重複其他書籍的大量內容，換上新的書名，透過鋪天蓋地的公關，讓讀者信服它們的效用。對，我得承認，現在我擁有的資訊可說是有史以來最多的，但我也必須以有史以來最深入的方式去挖掘智慧。而且，如果你真的想讓自己脫穎而出，不僅是頂層1%一名成功的成員，也是一個能充分發揮潛力及全面發展的人，你必須不斷從資訊洪流中挖掘真正的智慧。

我說的智慧是什麼意思？從各方面來說，都很難定義。愛很難定義，但當我感受到愛，就知道是愛。美很難定義，但當我看到美，就知道是美。而智慧也很難定義，但當我聽到或體驗到智慧時，就知道是智慧。

在描述資訊和智慧之間的差異時，我能想到最好的方法是想一想你的夢。我自己不知道有多少次的經驗了，夢境強大而生動，讓我從熟睡中驚醒。然後，轉頭告訴妻子我的夢，就在我說給她聽的同時，卻忘記夢到了什麼！幾分鐘後，忘得一乾二淨，我又睡著了。專家說，每個人每天晚上都會做幾十個夢，其中一些我們會短暫記得，但大多數永遠想不起來。然而，小時候的幾個夢境極度鮮明，我到現在都還能記得細節。事實上，那些夢的衝擊之強，在我描述的時候，突然感覺自己又逆衝進了童年的意識。差別就在這裡。智慧流連不去；資訊一揮即散。智慧是常留在心裡的玫瑰花香；資訊就像燃燒蠟燭的一股氣味，很快被吹熄。

我喜歡把智慧分為兩類：無意識的智慧和有意識的智慧。無意識的智慧源自於純真。是一種不假思索的行動、想法或陳述；純粹、簡單，通常才剛萌發，很新。有意識的智慧源自於成熟。是一種經過深思熟慮的行動、想法或陳述；其源頭有很多面或複雜性，表達方式簡單，通常已經存在一段時間，很老了。如果智慧是飲料，無意識的智慧可說是鮮榨柳橙汁；有意識的智慧則是美酒。

或許對我來說，說明兩者之間差異最好的方法就是個別提供我自己生活中的例子。幸運的是，這兩個例子有一些共同點。我稱這些例子的主題是「再一根薯條」。無意識智慧的最佳來源當然就是孩童。他們的本性天真純潔，行動、想法及陳述通常出自衝動。正是因為這些特質，那些與孩子一起度過、未經計畫的時刻變得更加特別。我有三個青春期的孩子，對我來說，他們一直是智慧的源泉，但如果你們也是青少年的父母，或許就知道其實很難讓青少年與你們交流這種智慧（他們只會發表在社交媒體給朋友看！）。真正顯眼的是那些年輕的歲月，不光是因為你的孩子在那個年齡如此無拘無束，也是因為他們像小孩般的單純讓自身的智慧脫穎而出，讓爸媽永遠忘不了。

大約十二年前，我有一個很特別的機會與孩子們單獨度過三天。我太太艾爾維亞很該休息一下，她用那個週末去探訪大學時代的老友，我這個老爸就留下來堅守陣地。頭兩天我們玩得酣暢淋漓——玩遊戲、去公園、做手工藝——我記得孩子們甚至能準時上床睡覺！第三天，陣地開始崩塌。前一晚好像看到了滿月，但不管是什麼因素，孩子們進入了完全瘋狂的狀態。樓下就像戰區——客廳裡丟滿了紙張，兩歲的孩子在所有的東西上塗鴉，就是不畫在紙上，一堆堆疊好的衣服全部拆開，然後綁在一起做成「帳篷」。還有奶油大戰。那個情景就讓讀者自行想像吧。

不管怎樣，再過兩個小時，媽媽就到家了，我覺得最好打破常規，去外面吃飯，以挽救我們的房子。在前往餐廳的路上，魔法仍未解除——孩子們坐在各自的座椅上，互相撓癢、調侃、嘲弄和拉頭髮。我們進了餐廳，坐下，我看起來就像剛走過自動洗車機，感覺自己老了十歲。我灰心喪志，沮喪到無法與孩子交談。但在那時，服務生送上三個孩子的晚餐後，說我的餐點還要幾分鐘才會來。儘管我叫他們三個先吃，但我看到他們只坐在那裡眼巴巴看著我，在我的東西沒來之前不肯動口。然後兒子傑瑞米說：「爸爸，你沒有東西可以一起吃，我覺得很難受。你要吃一根我的薯條嗎？」

「當然好哇，傑瑞米，」我說。「謝謝你，你真體貼。」

那時，七歲的凱拉也跟進了，她說：「爸爸，你要一根我的薯條嗎？」

再來是兩歲的肯頓。「爸爸，要一根我的手叨（他的口齒不清）嗎？」然後，他們輪流給我薯條，直到我的餐點上桌。就這樣，與三個孩子一起度過一段意想不到的時光。他們給我的「再一根薯條」示範了無意識的智慧。他們早已放下了那令人沮喪的一天，完全活在當下，在純粹而真誠的渴望驅使下，樂於供給他們所愛的人。在那一刻，不論有什麼委屈，他們教我放下，好讓我保持敞開，從內心無條件地為我愛的人奉獻。

如果人生的目標是讓自己享有最高程度的幸福與成就感，並對他人造成最高程度的衝擊，要達成目標，就必須反省生活中那些無意識智慧的範例，並讓這些例子成為有意識的生活方式。同樣地，有意識的智慧往往來自年齡。需要一些生活的經驗，一些時間來測試生活給我們的各種選項，最終能夠來到一個地方，能有憑有據地做出選擇，確實有所作為。在前面提到我家孩子的範例裡，我確實做了承諾，要更快放下微不足道的憂慮，盡力實踐無條件的奉獻。

生命中的改變甚至能透過更簡單的方法。認識我的人都知道我對健康相當狂熱。我很少吃甜食，最喜歡做的事是跑步，每天要吃的維生素補給品一隻手都快抓不住了。然而年紀愈來愈大以後，我發現對健康的狂熱不如轉為對健康的意識。對，我知道健康很重要。沒有健康，就一無所有。但在同時，我卻讓這種想法妨礙我，無法充分體驗生活。畢竟，我對自己說，如果不能享受生活中的一些小放縱，活得久又有什麼好處？因此，如果下個星期的某個時間，你偷看我午餐吃了什麼，可能會看到我點了一盤薯條配三明治，每一根都吃得津津有味。我總結出明智的立場，任何型態的極端都不健康。我正努力達成激進的溫和。

別忘了，我們當中那些有意識的聰明人不僅改變了他們的生活，也改變了文明。如果甘地聽了所有專家的意見，收集所有作戰方法的資訊，而不是訴諸自己心中的智慧，他就無法不開一槍而讓英國屈服。在傳統的思考方式中，不容易找到智慧。智慧同時含有非常規的與傳統的想法。傳統的思維說「就去做吧」或「採取行動」。有意識的智慧說，在某些情況下，最好告訴某人「不要呆坐著，要採取行動」，以及在其他情況下，「不要採取行動，坐著等吧」。有意識的智慧沒有刻板的模式；無法預測。但有意識的智慧就是產生英雄的方式，也會改變文明。等你離世後，有意識的智慧會在你的下一代身上留存很久的時間。很久以後，學生可能忘記了數學定理，但還留著有意識的智慧。

因此，在接下來的幾個星期，花一些時間篩選你在生活中學到的所有資訊。決定需要保留、改變、改編或放棄的想法。然後取出智慧的禮物，包進你獨特的包裝裡。將這份禮物送出去，尤其要送給你愛的人。世上只有這份禮物會長久留存。

20

大陰謀

頂層1%如何找到目的及成就感

幾年前，朋友給了我一本羅夫・艾普森（A. Ralph Epperson）寫的《看不見的手》（*The Unseen Hand*），副標題「歷史的陰謀論」跟標題一樣聳動。這本書含有許多想像力十足（某些人會說很荒謬）的理論，主張歷史完全被一小群各自獨立的家族控制，他們只有一個共同的目標，就是精神控制和主導世界。書中的例子有聯邦準備理事會騙局、監視大眾的黑色直升機，及預定結果的人為世界大戰，與許多其他的想法。人類生活中的事件常常帶有混亂和無計畫的本質，反思個人這方面的體驗後，一切大規模的陰謀論幾乎都被我拋諸腦後——我得出的結論是這些陰謀論一般娛樂效果都不錯——而且當然也能為作者帶來豐厚的書籍版稅。

我認為書中許多指控都屬莫須有，非常牽強，便都拋棄了，但必須承認很難把這本書的理論逐出我的意識。而我確實相信某一個大規模陰謀論是真的。諷刺的是，那本聳動的書卻遺漏了這一項。這是一個全球性的陰謀，要讓每個人都無法過著非凡的生活。

首先，我要定義我的術語。我所說的非凡指生活中享有深刻而持久的成就感、目的和喜悅。我的意思是生活中沒有什麼遺憾，集結了許多難忘的時刻，值得細細品味。

現在你可能會問，誰在推動這個陰謀論？他們用什麼方法阻止我們過上非凡的生活？在很多地方，我們每個人都是幕後的黑手。這個陰謀論來自我們的願望，想用我所謂的「由下而上」哲學來構築生活。每個人都想登上頂端。事實上，那也是本書的一個目標——讓你進入頂層1％。從各方面來說，頂層的整體想法是美國夢的隱喻。離開學校，進入職場，我們得到的訓練來自媒體、商人、廣告商，說真的還有不少個人發展專家和大師，來追求「三得」：(1)獲得財富；(2)獲得注意；(3)獲得影響力。

陰謀論的主要工具是測量，我們都成為這項工具的受害者。畢竟，要確定自己到頂了沒，唯一的方法就是測量是否已經到達成功之山的最高峰。金錢可以測量。只要算算你有多少錢，就可以測量出距離山頂還有多遠。也可以計算你的名字在谷歌搜尋中出現的次數、在領英的聯絡人數目、主要出版品中寫到你的文章數目，及爭搶你時間的人數，來測量自己有多出名。算出下屬或為你工作的人總共有多少個、有多少人訂閱你的電子報，或你認為是朋友的「成功」人士人數，來計算自己的影響力。

不過，你很快就會看到，成功純粹取決於測量的由下而上哲學有很多問題。首先，無法輕易測量的東西都會被忽略。因此，生命中許多最珍貴的時刻得不到讚賞，也就是不容易結算為成功關鍵進身之階的那些時刻。第二，生命一定是到達某個地方的追求——也就是登上頂端；而不是在某個地方——也就是你現在的所在，當下這一刻，唯一存在的時刻。第三，所有的「得」都是謊言；不會帶你進入非凡的生活。金融專家琴恩・查茲基（Jean Chatzky）在著作《財務幸福的十誡》（*The Ten Commandments of Financial Happiness*）中概述一項令人印象深刻的研究，補強早期對財富和幸福的研究成果。她的結論告訴我們，當某人脫離貧困，進入中產階級，幸福及成就感確實會提升。但超越了令人想不到的低收入等級（約五萬美元）後，幸福或成就感並沒有明顯增加。

得到別人注意，也不會讓成就感增加。總有人比你更出名，總有人比你更受歡迎。我的朋友哈維．麥凱（Harvey Mackay）寫了無數的商業書，包括《攻心為上》（*Swim with the Sharks without Being Eaten Alive*），他總說：「永遠不要想辦法追上你的鄰居或朋友。即使追上了，他們也同時增加了資本。」依靠人氣來取得成就感，就像把自己非凡的人生押在拉斯維加斯的花旗骰賭桌上：有幾天贏了，有幾天輸了，但形勢對你不利。這並不是說財富及認可不重要。在適當的脈絡中，這兩樣東西確實至關重要。但是說老實話，得到財富與注目是非凡生活的副產品。直接去追求財富與名聲，態度過於熱切（可能還不到著魔）的話，很可能會導致生活不平衡，甚至金錢與掌聲也無法讓你滿足。這就是為什麼本書的重點是全面的成功生活，涵蓋生活每一個重要的領域；除了收入達到頂層1％，也成為那個群體中的特殊小組——想活得精采非凡的一群人。

如果致富和引人注意並不能帶來非凡的生活，那麼非凡的生活從何而來？要怎麼確保你的生活真的很充實、很有意義且充滿喜悅？

第一個步驟是將你的生活哲學從「由下而上」的方法調整為我所謂的「時間線」方法。用這個方法，並不是由下而上構築生命，而是從終點回頭。時間線的最左邊是你目前的生活狀態——目前的年齡、目前的家庭生活狀態、你的職業、你的夢想、你的願望，以及你的焦慮、希望和恐懼——簡單來說，就是目前你所知的生活。所有這些都在時間線的最左邊。然後，在時間線的最右邊，是你死去的前一天。你可以想像一下你那時幾歲、你住在哪裡、有什麼感受，以及在生命中那個時刻會有什麼夢想、願望、焦慮、希望和恐懼。

接下來就是最重要的地方。找個安靜的地方坐下，閉上眼睛，想像你在生命中的那個時刻，坐在家中廚房的餐桌旁，桌上有杯咖啡，並有足夠的時間思考你活過的日子。盡你所能，想像你正在回顧生命中最有價值、最充實、最快樂的時光——那些讓生活真正有價值的事。然後，可以的話，想像你可能會後悔的事——尤其是繼續走在當下這條路上的情況。

用大約十五分鐘做這個練習，然後睜開眼睛，拿紙筆寫下你學到的功課。寫完後，把這些功課和目前生活狀態的實相互相比較。思索可以如何調整生活，讓你的生活更貼近死前那一天生活中最有價值、最充實和最快樂的地方。可以的話，也可以反省如何消除在晚年帶來最大遺憾的那些活動、習慣模式及信念。

我思索過很多設定目標的策略，發現這個策略最強大，因為起點是生命接受評估的地方，也就是旅程的終點。幾乎能確保生活一定有非凡的評等。

但是，如果你無法想像多年後對自己的人生有什麼感受，我想提供「得」的新清單，經過我的研究，那些在離開塵世前有餘裕反思人生的人揭露了這個結論。這三個「得」提供非凡生活的路線圖。

1. 建立人際關係。一項又一項的研究證實，幸福有百分之八十以上來自我們與他人的關係——尤其是生命中最親密的六種關係。然而，鮮少有人（尤其是男性）讀過一本書，教我們如何建立更緊密、更充實的關係。不要聽天由命。生命中的第一優先應該是與他人建立聯繫，還有上帝或你相信的神明。如果你想找帶你走上正軌的指導方針，記住厄爾・南丁格爾的格言：「生活中的報酬一定會符合我們的服務。」你的目標應該是為他人服務，這樣一來你不僅會擁有足夠緊密的關係來分享生活中的喜悅、考驗和磨難，你擁有的有形和無形財富也會超出你的夢想。為他人服務不僅有利於建立個人的人際關係，也是有利潤的生意。

2. 變得真實。湯姆・彼得斯（Tom Peters）是一位偉大的作家和思想家，專精於商業成功，他在演說活動中提出了經典的評論，機智又充滿洞察力，我用自己的話來說就是：「六十多歲的幸福在於發表演說時，你再也不在乎會不會再度受邀。」

在他看來，高齡的幸事是自由，你可以說出真正的想法，按真實的感受行事，不需要太關心別人想什麼。這對你我來說是非常寶貴的功課，也是我們通往非凡人生的道路！如果你真的拋開別人的想法，並跟隨自己的直覺，你會住在哪裡，你會和誰一起消磨時間，你會從事什麼職業，你會屬於哪個政黨（如果有的話），你會持有什麼信念？認真思考這個問題，要想得很深入。如果我們誠實面對自己，那生活中可能有一兩個領域需要「變得真實」。

3. 充滿熱情。我們唯一會花時間做的事就是最熱愛的事，也是最該在死前那一天做的事。對我來說，我會拿著一杯好喝的咖啡，背景播放著〈聖母院勝利進行曲〉（Notre Dame Victory March），身後的書架上放著非小說類的經典書籍及有聲節目，我的上帝從上方俯視我，妻子與三個寶貴的孩子陪在身邊。我現在花時間做的事，如果是我職責上該做的事，或他人期待我做的事，那時候都已經是很久以前的往事。我們無法完全消除生命中一切世俗的活動，但可以承諾把大部分時間用來與真正重要的人相處，做真正重要的事情。

最好的消息是，按這三個「得」來生活，實際上卻能賺到五個！在前往頂層1%的道路上，這個做法可以保證你會得到財富和注目這兩樣副產品。

事實上，時間線練習很有意思，不只可以讓年輕人思索晚年。對於地球上的某些人來說，即使他們非常年輕，今天也會是他們死前的那一天。關於一個人能活多少天，沒有人能得到保障。讓這個實相釋放你，去揭開大陰謀的面紗。與人聯繫、變得真實、充滿熱情——過起非凡的生活！

21 對未來保持樂觀的五個理由

頂層1%為什麼是動力者

將自己的時間和資源用在這本書上，你已經展現出對自己具備深厚的信念。你願意投資在自己身上來追求終極的長期利益，也就是更高程度的成長、成功與財富，以及最重要的成就感。但在這段自我發現的旅途中，你要克服似乎愈來愈嚴重且頑強的文化恐懼——也就是對未來的恐懼。不論是主要的媒體管道、新書發表或政治言論，說到未來的時候，都愈發傾向於黯淡的用詞。廣播電視網路、書籍出版商，甚至連美國的政治人物，都知道「無望」才有賣點。為什麼？

有兩個主要的理由：個人的，和社會的。就個人來說，大多數人害怕改變，覺得留在自我的舒適圈會比較容易。無望之所以有賣點，是因為無望強化我們的信念：冒險很愚蠢，創新有風險，保護與維護目前的狀態與地位會比較好。

在社會的層面上，過去十年來，變化的實際步調急遽上升，以至於人類生活的每個領域都出現大幅成長——在人類的歷史上從未看過這樣的成長幅度。據說，現在五年內發生的變化遠超過我們祖父母那一代五十年內的變化。如此驚人的變化很難預測——因此會讓人感到焦慮，擔憂未來的模樣。由於未知總是有點駭人，因此有了《駭客任務》（*The Matrix*）、《關鍵報告》（*Minority Report*）及比較近期的《人造意識》（*Ex Machina*）等電影，在當中預測的世界裡，科技想要打倒人類取得優勢。

然而，直覺告訴我們，身為人類，為了成長及熱切追求目標，必須以自信和熱情來面對未來。不論怎麼努力，在舒適圈裡打轉，絕對無法達到成功遙遠的目標。就像飛向月球的火箭，要到達目的地，你必須突破地心引力，也就是舒適圈的拉扯，朝著選定的目的地加速前進。

還好，你不需要懷著盲目的樂觀主義邁向未來。對你的未來，及這個世界的未來，有五個很好的理由保持極度的樂觀。

1. 不管報紙的頭條新聞說什麼，扎實的研究已經證明，過去五十年來生活的各個主要領域都出現了令人難以置信的進展。一切確實都變得更好了。你不相信我說的話嗎？看看這些數字吧。統計資料顯示，世界各地的預期壽命來到歷史新高——還在繼續增加。過去二十年來，美國人死於心臟疾病的比例降低百分之四十。儘管新聞頭條寫得聳動，但企業裁員只影響到美國總勞動力的百分之三左右——因此增加的自雇就業者是淨利益，每小時的收入比為雇主工作的人高出百分之四十以上。大約一個世紀前，地球上的民主國家屈指可數；現在民主國家正蓬勃發展。今日的美國有大約一千萬家私人企業，以最近一九七〇年的資料來說是四倍。在世界各地，休閒時間及相關的活動都在急速增加，人們有更多的時間陪伴家人、旅行、閱讀等等。

2. 科技增加了我們的選擇，因此讓我們有更多機會更有成就，更有滿足感。證據很清楚，不論是網際網路、電子郵件、消除或控制疾病的新藥，還是智慧型手機、智慧家庭及智慧車，科技的增長讓人類變得更有效率，用更短的時間完成更多工作，同時可以花更多時間專心進行創意任務，而不是例行工作。特別要提到網際網路大幅提高了我們對成功的選擇，讓我們隨處都能工作，並能立即進入全球市場。

3. 成功愈來愈仰賴績效——因此完全掌控在你的手裡。靠著公司政治、企業任期、性別、種族及其他類型陰謀詭計而平步青雲的日子即將消散。階級崩潰，組織和經濟經過重新裝備，公司除非能有超高的生產力，否則無法生存，尤其在全球的市場裡。這就確保公司會更加注重你個人能增添的價值，忽略其他與績效無關的因素。對你和我這一類致力於個人發展的人來說，這是好消息。

4. 對未來的財務掌控度提高後，讓你更有能力把注意力放在真正重要的事情上。想一想，現在有五千多萬美國人擁有個人公司的股票或股票共同基金的股份。這個數字很驚人，尤其考慮到在一個世代前，投資是專屬於上層階級的領域。此外，新的融資選擇大幅提高住宅自有率及大學學費儲蓄。

一般人靠著能用到的金融工具，承諾從開始工作時儲蓄收入的百分之十就好，幾乎都能累積五十萬到一百萬美元的淨資產。這種財務靈活性提高後，我們得到提升生活方式的資源，或許是有更多時間陪孩子、更常出門旅行，或自行創業。

5. 沒有改變，且永遠不會改變的，就是厄爾．南丁格爾的成功秘訣——我們心裡想什麼，就成為什麼樣的人。無論未來會怎麼樣，命運都握在自己手裡，因為我們掌控著自己的想法——並用這些想法來繪製我們的世界。特別是在知識經濟中，除了思考的品質，沒有其他東西能對未來的品質造成更大的衝擊。未來就在自己的手中——或者更適當的說法是在我們的頭腦裡。

說到如何從渴望成為頂層1％的人眼中來看未來，我很喜歡的一本書是維吉尼亞．波斯特萊爾（Virginia Postrel）的經典著作《未來及其敵人》（*The Future and Its Enemies*）。在這本書裡，她點明那些欣然接納未來的人及那些對抗未來的人有什麼差別。她甚至幫這兩種人起了名字——動力者（dynamist）與停滯者

（stasist）。動力者接納不斷創造、發現、競爭、進化和學習的世界。另一方面，停滯者則接受控制更強、更受操控的世界，重點是穩定、控制及可預測性。

那麼讓我問大家，哪個類型的人成功的機會較高？更重要的是，你屬於哪一類？做決定，成為動力者。回顧上面的五個理由，擁抱你的未來。別忘了，不論你喜不喜歡，未來一定會到來。

22 選擇與優先順序

頂層1%把時間用在哪裡（第一部）

最近一次去拜訪親戚後，我們要開四十五分鐘的車回家，妻子用隨意的口氣問我能不能到沃爾瑪超市停一下，好讓她買「幾樣東西」。如果你個性跟我一樣，你也會中計。配偶說就一兩分鐘，去買一加侖牛奶跟幾個電池，然後過了四十五分鐘，你在車裡差點死於一氧化碳中毒，孩子們已經進入快速動眼睡眠的狀態，另一半拿著六個裝滿各種東西的袋子出來，從小麥胚芽到香濃起司圈都有。而且，可惡！她忘了買電池！

不，這次我不會再中計了。我把車開進沃爾瑪的停車場，看到前方有一列怠速的車子——我都叫這裡「等待受刑區」——有很多不小心加入了「只要幾分鐘」遊戲的人。

「親愛的，沒關係，」我說。「這次我去買那幾樣東西。」我很自豪我是個「雷射光」購物者。我的意思是，這種購物者會衝進商店，像雷射光一樣集中在購物清單上的一兩樣東西（而且只有一或兩樣東西），然後盡快結帳。

「很好呀，」我妻子艾爾維亞說。「反正只要買小孩的牙膏就好了，我也不想到裡面擠來擠去。」

於是我就跑進去了。到了放牙膏的貨架，我差點癱倒在地。我要買牙膏——選擇卻那麼多：用過氧化物美白、用牙垢保護美白、凝膠、膏狀、凝膠和膏狀的組合、莓果味、薄荷味、高露潔、Crest、Aquafresh、軟管、防溢按壓管、牙齦炎防護、口臭防護——要全部列出來嗎？我站在走道上，拿起一管又一管的牙膏，然後放回去，閱讀標籤，比較單價，考慮口味和美白作用——啊啊啊！累死人了。過了三十多分鐘後，我帶著幾管不同的牙膏（還有牛奶和柳橙汁！）從店裡出來，把東西遞給妻子——她的笑意藏都藏不住。

選擇。現代世界充滿了前所未見的選擇。二十一世紀的全球經濟十分宏偉，我們在其中生活和工作，五年內所能得到的選擇比祖父母一生中經歷的更多。如果經濟維持這個步調，我們的孩子將在一個月或更短的時間內體驗到同等程度的選擇。

一定程度的選擇是好事。選擇提供自由——讓我們更能控制生活的方向，並按自己的喜好打造每一項生活經驗。在這個時代，你會點雙倍濃縮無咖啡因拿鐵加一份榛果糖漿，在網飛上看一整晚訂製的娛樂，Siri會根據我們的「喜好」推薦好看的新書。但是，如果有更多的選擇，多到無限多，一定是好事嗎？還是有可能太多選擇實際上會造成限制，不必要地讓生活變得複雜，導致我們變得更不快樂？

聽起來可能違反直覺，但這是一本書的結論，或許可說是過去十年內我讀過最深奧的書。書名叫《選擇的弔詭》（*The Paradox of Choice: Why More Is Less*），作者是貝瑞·史瓦茲（Barry Schwartz）。如果你沒看過這本書，我建議你找來看看。除了讀起來很愉快，也會將你的心智延伸到新的維度，了解生活中什麼很重要、什麼能真的讓你感到快樂，以及如何做出一些重要的、但可能反文化的決定，來限制你願意留在生命中的選擇。如果渴望進入頂層1%，你要確定自己明智地做出選擇，拒絕在無窮盡選項的白噪音中迷失，來保護自己的時間。下面是史瓦茲博士的主要論點：

1. 如果我們自願限制自己對選擇的自由，而不是反抗，會過得更好。
2. 尋求「夠好的」，而不是尋求最好的，會過得更好。
3. 降低對決策結果的期待，會過得更好。
4. 如果做出的決定無法逆轉，會過得更好。
5. 不要那麼在意周遭的人在做什麼，會過得更好。

乍看之下，這似乎是平庸的處方。你心裡可能會想：「我一直在努力發揮潛力，充分利用我培養出來的才華，要達到很高的成就，現在你卻要求我降低期待，安於平凡？」

不完全是。我全心全意贊同史瓦茲博士的說法，他建議我們有意識地選擇在生命中做選擇的時刻。確定了哪些領域對我們最重要，也最有價值後，絕對要盡力把才華發揮到極限，達到最高程度的成功。

問題是，不論生活每個領域的重要性多高，現代文化都認可在這個領域裡要有更多的選擇。這就是為什麼手邊的工作量常讓我們覺得不知所措，反而動彈不得。電子郵件和訊息不斷累積，家裡該做的事不斷增生，去一趟超市要做數十個選擇，度假有數十個選項，要瀏覽數十個網站找到最優惠的價格。這樣的例子不勝枚舉。

關鍵的區別是：好好思索，列出目前生活中最重要的五件事。把這些事寫在三乘五英寸的索引卡上。寫好後，向自己承諾，將百分之八十的時間和注意力投入這五件事，而且僅限於這幾個地方。其他相對來說沒那麼重要的領域應該只用你百分之二十的時間，你也應該盡量限制這些領域的選擇。舉例來說，花時間陪家人是我的首要優先事項。能不能找到最好的牙膏，順序就排在很後面。與其浪費三十分鐘尋找最好的牙膏，我不如就拿第一個直覺上認為最好的選擇，然後去做其他的事。把時間用在找牙膏上，多花了二十五分鐘遠離家人，實在不值得。我可以用同樣的時間和孩子在車裡唱歌。

在生活的哪些領域，你發現自己在選擇上浪費了超出合理限度的時間，這些選擇最終並未造成差異，甚至完全不貼近你的前五個優先事項？現在就做決定，限制自己在這些不重要領域中做選擇時不會用掉太多時間。你會很驚訝，你的生活因此變得很簡單，也很有重點。

下面列出貝瑞．史瓦茲博士另外幾個很不錯的主意，教大家如何在生活中有智慧地限制某些選擇：

1. 滿意即可，不要追求極致。貝瑞．史瓦茲的說法是足夠滿意的人（satisficer），指那些相信「夠好」的選擇就夠了的人。他們不需要無止境地調查無限的選擇，來百分之百確定自己找到最划算的交易，跟最好的人約會，選擇了絕對最好的工作等等。另一方面，追求極致的人（maximizer）會因為每一個選擇都要達到極致，而覺得痛苦。尤其是在那些不屬於優先事項的領域，多選擇滿意即可，從根本上讓生活變得更簡單。

2. 想一想機會成本的機會成本。把每個選擇都看成潛在的機會成本，對理財顧問及會計師來說是很好的專業練習，但用來管理整個人生就太糟糕了，尤其是用在個人生活上。整個下午躺在吊床上看書或和兒子玩接球，很難說合不合理，但滋養靈魂的事情有時候就是無法量化。在更常見的情況下，你最好跟隨直覺，感受兒子或自己的靈魂需要什麼，忘記這些事以金錢衡量的報酬有多少。

3. **讓你的決定無法逆轉**。大多數人認為決定和承諾就像婚姻、為人父母、屬於某個宗教派別，有約束性——會限制個人的自由。由於大多數人都認為自由度愈高愈好，因此傾向於避開無法改變的承諾。完全的承諾，也就是本質上無法逆轉的那些承諾（如果沒有極端的痛苦和努力就無法逆轉），實際上跟可以逆轉的決定一樣能帶來釋放。你說：「我要跟這個人結婚，計畫餘生都與他或她共度。決定了。完成了。」會覺得很釋放。你因此上升到全新的自由度，在那個決定中學習和成長。你被解開了，不需要無休止地研究每個選項，一直無法定下來。

4. **期待適應**。簡言之，你所做的每一個決定或取得的成功——買新車或房子、結婚、加薪——都會隨著時間過去而愈來愈習慣。都會變成「正常」。好消息是，同樣的道理也適用於失敗或悲劇——再怎麼艱難，隨著時間流逝，你都會適應新的環境。貝瑞．史瓦茲發現，以長期來看，過了一段時間後，嚴重失能的人和完全健康的人最後都一樣快樂。期待適應，你便能抵抗失望；人們常因為失望而增添生活的複雜度，藉此來保持亢奮。

5. 練習「感恩的態度」。做決定，對你所擁有的一切懷著感恩的心。只允許一種比較的形式——那些比你更不幸福的人，以及那些比你的環境更糟糕的環境。但是，大多數人比較的對象是誰？通常是他們覺得比自己過得更好的人，即使可能只是生活中的一個領域——而且這個領域對他們來說甚至沒那麼重要。這個處方只會帶來無止境的悲慘。你應該隨時都讓自己懷著滿滿的感激。

明天就開始實踐這些想法，看看能造成多大的差異，讓你的生活一直簡單而充實。並不需要特別規劃新的做法，從買牙膏這麼簡單的事開始就行了！

23

時刻管理

頂層1%把時間用在哪裡（第二部）

現代哲學家兼歷史學家理查・桑內特（Richard Sennett）曾撰文討論人類從生活中創造敘事的必要性。也就是說，為了讓存在有意義，必須感受我們在地球上的日子來到頂點時會串起看似混亂的事件，構成一個故事——只有我們才能講述、非常個人的故事。很複雜的故事，但也很真實。不過，重點是故事有結構、有清楚的情節、充滿各種層面的意義，就像一本偉大的經典小說，每次閱讀都會揭露新的和隱藏的意義。

有些人很愛鼓勵家人、朋友或甚至熟人講出他們的故事，我就是這種人。和許多事一樣，有些人說出英雄冒險的故事，有些人說了悲劇，另有一些人的故事則是半成品。但我一再注意到其中一個模式，大家傾向於把焦點放在幾個關鍵時刻，也就是人生情節的轉折點。他們講到那個孩子，努力了好多年要融入，最後終於加入了棒球隊。他們講到成交的案子，或失敗的交易。他們講到那個時刻，第一次察覺到伴侶從男朋友或女朋友轉變生命中唯一一個不同尋常的「真愛」。他們講到聽說自己得了癌症的那一天，第一個孩子從子宮裡出來的那一天，及把母親葬在父親旁邊的那一天。他們也講到相對簡單的事情，例如和孩子依偎著在甲板上看星星，和另一半在派克峰（Pikes Peak）的頂端喝熱可可，或在三級跳升職後第一次走進新的辦公室。這樣的時刻很寶貴，沒有這些時刻，我們的故事就不完整。這些時刻構成我們的本質，並繼續塑造我們未來的模樣。

在步調快速的世界裡，最容易得到口頭稱讚的技能或許就是時間管理。這確實是獲得成功的關鍵技能，不懂時間管理的話，很少有人能夠達成實質的目標。然而，我會擔心我們過於在意時間管理的要素——要有效率、機會成本、授權、優先順序、每日計畫和iPad——最後反而讓這些時刻從我們的生命中消失。

這是時間管理很微妙的領域，沒有幾位專家想過這個問題。我們可以規劃腦力激盪時間的會議內容，並緊盯著時鐘，但我們無法計畫得到突破性的想法。我們可以安排一個晚上帶孩子去球賽，卻無法安排孩子會問到上帝的那個時刻——甚至從來沒考慮過這樣的安排。我們可以清掉收件匣裡所有的電子郵件，有效率地回覆，但我們必須小心，免得清掉了夾在兩封垃圾郵件之間的巨大商機。

事實上，我現在想請讀者一起來做一個實驗。回想一下生命中最後的三十天。我要你敘述過去三十天內五段最生動、最有意義的回憶。不要費力去想——只要記下浮現在意識中的前五段回憶。現在放下書，立刻去做這件事。

好，你想到了五段回憶，我要問幾個關鍵的問題。在這五段回憶中，有幾段是計畫好的事件？設定了目標，設定了具體議程和相關細節。有多少件事就這麼發生了，沒什麼計畫或事先籌劃？你有沒有想到居然有那麼多事未經過預先計畫或事先籌劃？

與家人在一起的回憶和事件通常感覺更不由自主。家庭生活如同職場一般井井有條的人並不多見。但這種自發事件在職場出現的次數也遠超過我們的覺察。假設你和主要的工作夥伴召開會議，規劃下一個年度的新產品線。你設定會議議程有三個小時，目的是規劃兩種新產品。預先規劃結果的範例是這次會議是否能帶來兩款出色的新產品。自發性事件的範例則是，會議採取全新的方向，質疑合作夥伴關係的整體目標，最終決定不只是多生產兩種產品，還要在國外市場授權，擴大現存的產品線。兩種結果都沒有對錯或好壞之分。差別是一個最終得到了你計畫的確切結果，另一個的結果則無法預料。

或許看起來我在找充足的理由，丟掉你的每日計畫，上禪修課程，盲目跑過混亂的谷底，只為了看看生活會把你帶到何處。但我是個更實際的人。用時間管理及目標設定來為生活創造組織和結構，絕對是成功的重要條件。確實，正如彼得・杜拉克（Peter Drucker）在經典著作《杜拉克談高效能的5個習慣》（*The Effective Executive*）中所說，最重要的不光是把事情做好，而是要做好對的事。學習時間管理的技能就是很好的方法，幫我們達成這個目標。但對所有這些技能的應用，我建議遵循.38 Special樂團一首八〇年代流行歌曲裡的忠告，這首歌叫〈鬆鬆地堅持住〉（Hold On Loosely）。不需要用時間管理的技能為生活創造死板的結構（這種結構最後常常會變成幻象），不如用這些技能創造出有可塑性的結構，能適應特定的情況。

把死板的結構想成一個每邊都用水泥包住、盒子形狀的房間。新的想法和經驗只能承襲那個結構的外型，沒有新的想法和經驗可以從外面穿透進來：這個結構就是這樣，已經確定了。把具有可塑性的結構想成一個大泡泡——就像小孩在生日派對上用泡泡棒對著風吹出的那種。在其中創造的想法和經驗可以橫向、縱向並以各種方式延伸，來符合情況。偶爾，一個偉大的想法或經驗會從外浮現，弄破整個結構。

「泡泡結構」的數量和人類一樣，數也數不清。因此，你可以好好思索這個想法，以及實驗新的、靈活的方法，來應用時間管理的技能，但不會讓那些寶貴的時刻消失。冀望擁有頂層1%與眾不同生活型態的人，就必須做到這個很重要的區別。

別忘了，走到生命旅程的終點時，我們會回頭看，就像我之前和你一起做的實驗一樣，憶起萬花筒般的過往。就各方面來說，這個萬花筒將決定生活的豐富程度及整體滿意度。這就是為什麼我們一定要為這些回憶建立「帳號」——這個帳號就像一個投資帳戶，每過一年，都會獲益於複利。然後，到了那個我們會更頻繁回顧人生的年紀，就像我活了整整九十八年的祖母常常在想當年，那時便有很多值得借鏡的時刻。祖母向我講起人生經歷的故事時，臉上帶著笑容，想到她的面容，我可以很自信地向你保證：在人生的最後一章，你的投資帳戶與你的「時刻帳戶」一比，重要性立刻相形見絀。今天就開始吧，開始累積能持續一生的存款。

24 真實或人氣？

頂層1%為什麼重視誠信勝過人氣

幾年前，我在《紐約客》（*The New Yorker*）讀到一篇有趣的文章，主角是當時紐約市最不受歡迎的一個人——市長麥可・彭博（Michael Bloomberg）。文章指出了政治的一個悖論，也可以說是人生常見的悖論。這個悖論是：成就通常與人氣沒有什麼關係。

文章接著描述了他的成就，無論你的政治信念是什麼，都無法否認這些成就。文中說：「在世貿中心攻擊及股市崩盤之間，彭博於二〇〇二年的元旦就職，當時的情況可以說糟得不能再糟了。在他搬進市長官邸（其實他並沒有住進去）前，這座城市已經面臨將近五十億美元的預算缺口。九個月後，缺口擴大成六十五億美元，規模相當於一九七五年將紐約市推向破產邊緣的赤字。」

文章說，彭博秉承務實、敢當的精神，接下市長的工作，就像執行重大改革的執行長。他做了一些非常不受歡迎的決定；借貸二十五億美元、削減三十億美元的支出、增加三十億美元的稅賦，甚至將違規停車的罰款加倍。結果呢？二〇〇四年的財務年度結束時，紐約市得到相當大的盈餘，兩家債券評等機構把紐約市的財政展望從「負向」調整為「穩定」。

雖然許多決定在當時造成了痛苦，但彭博的決定贏得了兩大主要政黨政治人物的讚美。在今日，由於分裂的政治氛圍，很難想像有人能得到兩黨的讚美，無論是在紐約市還是美國的其他地方。但在那個時候，也就是二〇〇〇年代中期，民主黨員認可他的努力讓紐約市避開了潛在的經濟災難（彭博是共和黨員）。就連屬於民主黨的前任市長郭德華（Ed Koch）也說：「他的表現很了不起，只是沒有得到應得的賞識。」因此，為什麼當時彭博市長的支持率會跌到百分之二十四的低點？沒錯：百分之二十四！根據《紐約客》的說法，彭博市長的重大罪名是沒有有效溝通他的變革——本質上，沒有讓公眾買帳。

民眾的印象是彭博市長不會談論他要做什麼；他用行動來證明。可以說彭博市長的言詞沒有完全表達他對紐約市民的熱情和承諾。現在，他結束了市長任期，由比爾・白思豪（Bill de Blasio）接任，事後看來，可以說彭博市長在整個任期內一直是行動者，而不是溝通者。儘管我很自然會想到他可以利用銷售技巧的課程來增進擔任市長時的名望，但我必須承認，在今日的政治氛圍中重讀那篇文章，他對行動的低調傾向頗讓我耳目一新。

在表達觀點時，我一般會避開用政治人物當範例，但我認為這個例子對政治光譜上的每一個人都有實在的價值。高成就者都要正視的重大性格問題就此凸顯：*真實或受人歡迎，哪一個重要？*我問過其他人這個問題，他們的回答幾乎都是：兩個都很重要！以長期來說，保有真實（換句話說就是忠於自己）又受人歡迎，的確很有可能。但在常見的情況下，尤其是碰到危機時，忠於自己及自己認定正確的事，並不是短期內贏得人氣競賽的最佳辦法。彭博市長本來可以考慮紐約市面臨的財政危機，選擇中間道路——例如借款，但不改動稅收及違規停車罰款——會讓公眾的心情更愉悅。但這位先生毫不隱藏對紐約市的熱愛，重點也不是為了贏得下一次的選舉，因此他願意為了更高的利益而犧牲人氣，讓紐約重登寶座。

從長遠來看，歷史書通常較寬待那些堅持自己信念的人——尤其透過時間，更能看清這些信念所帶來的正面結果。

如果你是高成就者，致力於領導你的公司、你的家庭、你的團隊或你的社群，你也要面對這個決定：真實或受人歡迎，哪一個重要？你不會在明天碰到這個決定；很有可能今晚就要面對。贏得人氣競賽——無論身分是公司總裁、部門主管、母親、父親還是政治人物——只是輸家的事。真正的領導者，也就是頂層1％的成員，根本不會加入這種競賽。雖然每個人都希望別人喜歡自己，但領導者是有性格的人，他的目標絕對更有意義，不僅限於另一個人一時的偏好。真正領導者的目標是改變組織長遠下來的成果，造出能夠抵禦任何風暴的船——即使自己永遠不會碰到那些風暴。

真誠的性格會要你做出艱難的選擇，保持真實，忠於自我，而且常常要在短期內犧牲自己的利益。那麼，為什麼要經歷這一切？為什麼追求某個可能要好幾年時間才能達成、甚至得不到讚揚的目標，還要犧牲自己的人氣？兩個理由：(1)人氣如風，起起落落，與我們的行動無關。選擇玩人氣遊戲，就注定了一生的情緒如雲霄飛車一樣起落，且永遠無法好好安頓下來——你太忙著檢查自己必須是什麼樣子，以及必須做哪些決定才能留在遊戲裡。⑵保持真實，做那個艱難的決定，做對的事，向世界上做出最大改變的人（也就是你）投下贊成票。

因此，在今天出門上班，或在傍晚參加社群聚會前，先做好準備。那個決定正在等你；你會怎麼選擇？

25

健康資產帳戶

頂層1%最重要的財富形式

計畫進入頂層1%的人常忽略生活中的一個領域，也就是健康。我們很容易說服其他人相信他們的態度、技能、財務及人際關係很重要。但是，在全心投入並努力工作以取得成功的過程中，他們常常忽視健康，頂多把健康放在其他優先事項的後面。成功的人常常睡得很少，壓力很大，甚至吃得不好，有可能因為他們邊奔波邊吃飯，或者出外時只能外食。但實情是成功需要長期的精力與耐力來支持，如果沒有良好的健康，你就不太可能擁有這兩個要素。即使確實達到目標，但又病又弱，無法享受登頂的樂趣，那麼到了山頂又有什麼好處？

即使是那些相信健康最重要的人，也可能很困惑，不知道在這個題目上要遵循哪些建議，因為相關的資訊多到前所未有的地步，但當中看不到什麼智慧。每個星期都有無數的健康及飲食書籍上架，涵蓋最新的食譜、運動或哲學。

這就是我們或許能稱為健康「新基本原則」的矛盾修辭法。個人發展作家吉姆．羅恩多年前就建議過，每當有人說他們有「新的」基本原則時，趕快溜之大吉。基本原則是舊的，已經根深蒂固，不受時尚或尚未成熟理論的影響。在這一章，我向你保證，你會聽到已經很完善的基本原則，變得健康並保持健康——根據堅如磐石的科學研究。

我熱愛這個主題，老實說，除了信仰和家庭，個人的健康是我最重視的事。為什麼？因為我很早就發覺，對於我在生命中想要達成的一切，都以健康為基礎。每一個我冀望能影響的人、每一個我期望與太太孩子共度的時刻、每一個我期待實現的事業目標、每一個我希望能前往的目的地——必要條件都是我能擁有健康與活力。如果不幸早逝、精力是應有狀態的一半，或一生中大部分時間因本來可以預防的疾病或病痛而處於病弱狀態，剛才列出的那些成就都會受到蒙蔽或阻礙。對地球上的數百萬人來說，他們過的生活樂趣只有該有的一半，在所能影響的人當中只影響到一小部分，事業或生意進入停滯期，都是因為他們擁有的精力只剩原本應有的一半。

幾年前，我買了一副新的BluBlocker太陽眼鏡。記得這個牌子嗎？曾經是深夜節目資訊型廣告的支柱，也是很多笑話的源頭。但實際上是很棒的產品。我記得我訂了一副，然後第一次戴上。出門以後，覺得還不錯，但效果並未讓我感到驚嘆。似乎跟其他牌子的太陽眼鏡沒什麼差別。我甚至想退貨算了。然後我注意到一層貼在鏡片外側、用來保護的深色薄膜。撕下薄膜，再度戴上眼鏡，景象更加豐富與清晰，讓我讚嘆不已。這才是完整的BluBlocker體驗！

參與規律的運動及飲食計畫，對生活也可以有完全相同的影響。大腦運作效率提高：薄膜被撕下來了。壓力和焦慮消融了，即使是最艱難的挑戰，似乎也能應付。你能更專注在自己身上，不會那麼被動。碰到壓力時，你有能量能夠自我約束，可以對情況做出符合自身價值觀的反應。少了那種能量儲備，你的反應可能和真實的價值觀沾不上邊。相反地，你可能做出快速、無原則的回應，只為了發洩怒氣。

沒錯，健康、運動及營養對人生成功的影響遠超過我們的覺察。在超載的時程中若能納入健康，不光是一件好事。而是關鍵，讓我們成為最好的自己，決定自己會變成什麼樣。已過世的朋友吉格・金克拉就說過：「我的時間表很滿，我沒有時間『不』運動。」

很多成功的作家都強調心態是人生成功的關鍵，非常有道理。但也有很多人誤解了，認為我們可以純粹改變態度，打開和關閉大腦裡的心理開關即可。在我看來，維持積極態度的關鍵是參與規律的運動及飲食計畫。輕快的三十分鐘運動，加上健康的優格水果早餐，讓腦內啡急速上升，積極的心態油然而生——就像打開電腦，連上網際網路後，預設的網頁自動跳出來。不需要去搜尋，就已經打開了。激增的腦內啡讓你一整天更容易維持那個積極的心態。用厄爾・南丁格爾的話來說，「態度是魔咒」，但營養和運動才是持續達到目的的魔法。

最後，要記得健康真的是財富最高階的形式。很多人用大量時間規劃退休後的財務，但很少有人會計畫退休後該有多健康。稍微想一想，就能證明這個原則有多短視。你能否想像在六十五歲時擁有百萬美元的淨資產，卻因重病而無法享受？

令人難過的是，有太多美國人將碰到這樣的命運。大家耳熟能詳的統計數值說，只有百分之五的人能達成財務獨立，如果我們問這百分之五，有多少人能在六十五歲時保持健康與充滿活力，充分享受那筆財富能帶來的喜悅，那麼這個數字還有可能降低。與配偶和孩子一起旅行，搬到夢想的地點，並擁有足夠的財富來活到九十多歲，甚至更久——如果沒有健康作為資產，一切都失去了意義。

所以，你應該把健康和長壽視為最重要的資產。為改善健康和精力而採取的行動，即使在短期內看似影響不大，都應該看成資產。這項資產在未來幾年內會增值，年復一年增加複利，不論是碰到家庭的重大時刻，還是事業上的重大時刻，都能提供助力。

在這一章的結尾，我想提出四個基本原則，讓大家過著充滿活力、健康的生活。把這四個基本原則想成健康資產帳戶裡的存款：

1. 選一種最喜歡的運動，每星期做五次，每次三十分鐘。研究顯示，你有多享受你做的運動，與做運動一樣重要。做你熱愛的運動，或至少有某種程度的喜歡，從那項運動中得到的好處會大幅增加。對我來說，我最喜歡的運動是跑步。但不是用室內的跑步機——我覺得那樣既費力又無聊。我需要到戶外跑，感受清爽的空氣，觀看周圍的風景，才會覺得享受。而且你不必像我一樣，以跑馬拉松為目標。研究也顯示，每星期運動三到五次，每次三十分鐘，就可以讓人體驗正面的健康益處。

2. **每天吃健康均衡的早餐**。研究結果證實，每天吃早餐的人比不吃早餐的人更苗條、更健康、更有活力。因此，如果你為了減肥而不吃早餐，事實上會適得其反。吃營養的早餐，確實能加速新陳代謝。但此處的關鍵是營養的早餐。甜甜圈配咖啡可不算；必須是均衡的早餐，有蛋白質、碳水化合物、纖維及一點點脂肪。優格及綜合穀麥（或早餐穀物），搭配全麥吐司和果汁，是很不錯的選擇。

3. **每天服用多種維生素補給品**。雖然服用多種草藥及高劑量的特定維生素對健康的益處尚無定論，但大多數健康專家同意，每天服用一項多種維生素補給品，對每個人都有益。一些近期的研究證實，液態補給品可能比藥丸形式的補給品更有效——現在市面上有不少這一類的液態維生素。不論是什麼形式，都要在日常生活中加一劑多種維生素。

4. **每天進行一次三十分鐘的冥想或祈禱儀式。**有項令人眼睛一亮的研究探索了多年來一直練習默禱和冥想儀式的天主教神父及佛教僧侶，他們的生理年齡比實際年齡少十五到二十歲。這個主題有幾本很棒的書籍和有聲節目，包括喬·卡巴金（Jon Kabat-Zinn）的《正念冥想》（*Mindfulness Meditation*），書中討論如何冥想，以及練習冥想能帶來的好處。

每天將這四種存款加入你的健康資產帳戶，你會得到受用一生的身心健康紅利！

26 英雄

頂層1%如何領導他們的社群

幾年前，我讀了管理顧問戴夫・阿諾特（Dave Arnott）的書，標題是《企業教派：要員工全身心投入的組織具備的隱伏誘惑》（*Corporate Cults: The Insidious Lure of the All-Consuming Organization*），這本書對我的生活有很大的衝擊。書的內容很聳動，甚至有危言聳聽的宣言，講到財星500強（Fortune 500）中幾家最著名的公司開始出現雷同宗教教派的特質。在公司就有托兒所、乾洗服務和健身設施，阿諾特斷言大多數員工永遠不需要離開辦公室——這就是公司的目的，讓員工把所有的時間都用來工作。企業大會及誓師大會就等於宗教復興。當然，這些企業大多有阿諾特所謂的魅力型領導者——教派的比喻因此更為完整。

在這本書裡，阿諾特所提出最不聳動的想法或許最能改變人生，也就是他口中的三個影響圈。在書裡，他有一個家庭圈、一個工作圈，和一個社群圈。阿諾特說，在理想的世界中，三個圈一樣大，因為人們會對每個圈投入相同的時間及關注。但在現實中，阿諾特提出無可辯駁的證據，對大多數人來說，工作是一個大圈，家庭是一個小圈，而社群圈則非常小，有時甚至不存在。更糟糕的是，工作和家庭的圈子常常相交，表示將工作重疊到家庭生活上——有時則是反過來。這個模式確實證明，以工作為主要的活動來表現對工作的忠誠，家庭生活就必須付出代價。說得更激進點，這個模式證實美國的公民生活就所有實際的目的來說，已經毫無生氣。

反省這種模式，我覺得很難過，不僅公共領域要為私人利益付出代價，而且減少對社群的參與，我們錯失機會，無法參與領導力的偉大概念。無論是附近的家長會（PTA）、美國退伍軍人協會、政治行動團體、教會籌款委員會，或慈善組織，社群裡一定有一個地方急需你的才華和技能。

在此類組織裡，領導力要在基層演練。大多數人在組織內體驗到的領導力都是由上往下的模式（這個模式快要衰退了），但在社群裡，幾乎都是反過來。社群組織及協會確實常有機會迫切需要你的技能，他們會讓你直接開始行動——為孩子學校的新電腦實驗室找人支持，領導志工團體前往市中心的慈善廚房，或帶一群關心的公民前往華盛頓，與國會議員對話。

此外，社群組織並不依賴有魅力的高層人士，就像阿諾特說的企業裡的魅力領導者。因為行動來自基層，所以社群中的領導者更可能符合僕人的說法——這個人善於組織人員、設定目標或願景，並為執行工作的人尋找資源。最後，由於在社群工作的人大多是志工，所以工作的根基不是必要性，而是熱情。格言是：「我不必來這裡，而是我想在這裡。我可以提供什麼協助？」人類的組織肯定都含有大家熟悉的人類特質，例如競爭、政治及繁文縟節，但願意為了更崇高的目的而出席，而不是為了報酬，似乎更容易幫人超越這一類的問題。

每次聽到別人哀嘆世界上再沒有英雄了，我很確定，他們應該找錯了地方，也找錯了對象。他們希冀企業、媒體、名人及體育明星提供英雄般的領導力。他們想找到一位救世主，拯救眾生，卻一次又一次感到失望。為什麼？當然，所有這些領域都有許多偉大的領導者。但神話只是神話，沒有偉大的男人或女人會騎著白馬現身，來拯救羊群。有效的領導者不依賴魅力及軟硬兼施來尋求成效。

他們也不會自己動手。這個世界五年內的變化速度遠超過上一代五十年內的變化，沒有一個人能跟上有效領導團隊所需的所有要素。我們需要拋棄英雄的這種神話，一次了結，以僕人的模式取代。要找到這種類型的領袖，正確的地點就是你家的後院──屬於你的社群。承諾參與社群的活動，將你的各種天賦和才華傳播給真正需要的人。

然後把你在社群生活中學到的知識本質帶回你服務的企業。你能想像嗎？在一家企業裡，員工不會譴責在方向盤後方打瞌睡的執行長，而是組建自己的臭鼬工廠（skunkworks）團體來幫助企業進入新市場（臭鼬工廠是專案的名稱，由一小群無固定結構的人員開發，他們正在進行激進的創新研究及開發。這個術語源自洛克希德馬汀在第二次世界大戰時成立的Skunk Works計畫）。你能想像嗎？員工每天進辦公室的動力並非來自發薪日能拿到多少薪水，而是因為對產品或服務的熱情。

沒錯，許多人放棄參與公民的生活，到最後卻受到傷害，甚至超過社群所受的影響。他們因此沒有機會發現：說到領導力，他們不需要浪費時間去尋找英雄；應該花時間變成英雄。

27

時間就是金錢，金錢就是時間

頂層1%如何權衡時間與金錢的價值

在這一章中，我們要討論二十一世紀的一個主要悖論。我稱之為「時間就是金錢，金錢就是時間」。這項陳述就是悖論，因為斷言兩項看似矛盾的事實：

1. 在美國文化裡，我們為追求金錢而用時間來交換——或者更準確地說，為了追求財富；以及
2. 時間本身已經變成一種貨幣，一種財富的形式——這項真理很獨特地切中二十一世紀的人類生活。

我們的生活變得如此忙碌，時間表排得滿滿，又常常被智慧型手機上簡訊和電子郵件的提示音打斷，因此沒什麼空閒的時間。因此，正如市場經濟中的其他商

品，時間的價值似乎提高到前所未有的層次。我的目標是提出幾位專家的洞察，有助於歸整這個悖論，幫你建構自己與時間和金錢的理想關係。

幾個月前，我和十四歲的兒子肯頓花了一些時間，騎腳踏車穿越伊利諾州安提阿克（Antioch）一個很漂亮的森林保護區；我們在那裡住了很多年。不知道你有沒有聽過安提阿克這個地名——就連大多數芝加哥人也不知道這個在遙遠北邊郊區的小鎮，離威斯康辛州的邊境僅有一箭之遙。但這裡是一個美麗的郊區——成家的好地方，犯罪率低，很漂亮的公園區，街道上到處是舒心的綠色樹木，距離你能想到的每一家商店都只要幾分鐘。最棒的是，房地產非常平價。騎著腳踏車穿過森林保護區的小路，我們來到一座跨越沼澤的橋梁。

騎車過了橋，我看著遠方，回憶起幾年前在康乃狄克州格林威治度假和探親時的一次散步。風景幾乎一模一樣。我想大家應該都聽過格林威治。那是美國東岸最著名、最高檔的一處郊區——到紐約市的車程也不遠。格林威治的居民以收入來說，幾乎都落入頂層1％的類別。我和肯頓把車停在俯瞰沼澤的橋梁上，只為了欣賞醉人的景色，這時我心想：如果我不知道自己在哪裡，會說我們現在就在格林威治，就在這個時刻。

繼續想下去，我突然想到：所以我認為伊利諾州安提阿克這個森林保護區和格林威治的森林地帶一樣美麗嗎？我無法贊同這個說法。這裡是安提阿克。一個買得起房子的地方，通往格林威治之類夢想住宅區的墊腳石。但我留著那個念頭——最終也有了結論，在這個美麗的地點，安提阿克與格林威治終究在本質上毫無差別。唯一的區別只在我的頭腦裡——我看待這兩個社區的方式，以及這些想法會如何影響我在這兩個社區的體驗。

雖然我並不想寫一篇哲學論文來討論這個問題，但我真心認為我們必須了解自己的信念與態度會如何影響我們對時間和金錢的看法，還有我們怎麼看待兩者的產物。回想在森林保護區的體驗時，我突然想到，數百萬人花費難以置信的時間和精力來賺到最終「過上美好生活」所需要的金錢，並進入如同格林威治般快樂祥和的郊區。至於你，可能會想到未來的目標，實現目標後真的想住在哪裡，開著真正想開的車，穿真正想穿的衣服，與真正想要來往的人結交，到真正想要度假的地方度假。這些目標確實很崇高，很值得追求，我當然對格林威治或其他高檔住宅區也沒有反感，但我相信我們必須深入思考對財富的追求究竟是為了什麼——正如史蒂芬．柯維說的「以終為始」，並判定我們需要的是改變生活方式，還是需要轉念。

請你為當前的生活描繪心像。你與誰在一起、在哪裡工作、擔任什麼職位、住在哪裡、開什麼車、穿什麼衣服、去哪裡度假或休息放鬆。盡力將現在的生活狀態在意識中留存大約十秒。除了畫面外，也要注重感受。現在，讓影像和感覺逐漸散去。接下來，插入新的圖片。想像你正過著終極的「美好生活」。在心像中看見你與誰在一起、在哪裡工作、擔任什麼職位、住在哪裡、開什麼車、穿什麼衣服、去哪裡度假等等。盡力讓那個景象在意識中留存大約十秒。同樣地，除了畫面外，也要注重感受。繼續想著那個景象。

來做一個好玩的實驗。請你想像，這個美好的生活景象已經在三年多以前成為你所知的現實。感受擁有這個現實的感覺，不是新鮮的嘗試，而是你覺得很自在的東西。你跟伴侶在一起三年了——感覺怎麼樣？你們有什麼問題？你做理想的工作已經三年了，也在三年前得到能力所及最高的職位。感覺怎麼樣？有什麼機會？有什麼挑戰？繼續這個過程：你住的地方——你的房子，你的鄰居——現在感覺怎麼樣？接下來是你開的車——終極的愛車已經三歲了，開了一段時間，愈來愈舒服——感覺怎麼樣？現在想想你穿什麼衣服，去哪裡度假。將這些集合起來的感受留存大約十秒。現在睜開眼睛。

在這裡，我們達成了什麼？透過這個練習，我想讓你稍微感受一下心理學家所謂的適應，雖然只是很表面的感受。常見的情況是，我們很不公平，拿目前已經過了三年以上、還算安逸的環境與新鮮的景象相比，通常新的景象是極為不同的生活，去掉了挑戰、問題和挫折。這種對未來的想像給我們一幅非常不實際的圖畫，描繪達到目標後會創造出什麼樣的感覺。心理學家貝瑞．史瓦茲提出一些很棒的研究結果，證實大多數人適應新環境的速度有多快，基本上也能達到與之前相等的幸福與滿足程度。

我自己做這個練習的時候，覺得這項工具很好，可以幫我決定真正的優先事項。我可以看到新房子裡面放了我現有的許多東西——只是變得更多更大。更新的豪華汽車能滿足通勤的需求，多了一點風格與舒適，但或許可靠度降低了，維修成本也增加。還有，去加勒比海享受異國風情的假期，或前往威斯康辛州多爾郡

（Door County）的農舍感受寧靜，哪一個會讓我更快樂？或許是前者，或許是後者，我不知道。我最後的結論是，想要達到財務目標以加入頂層1％，目的其實是得到自由——有更多時間做我想做的事，陪伴我愛的人。

做完這個練習後，你可能會得出不同的結論。但我真心希望，你得到比較符合實際的想法，知道你拿寶貴的時間換到了什麼。如果你把更多時間投資在追求更多金錢上，以得到「美好生活」，你可能會發現你已經過得不錯了——你只需要花費更多眼前的時刻，也就是你現在擁有的時間，來品味和享受你的生活。你可能也會發現，覺得必須去住高檔郊區和擁有最新款豪車是個陷阱，按著前面從《原來有錢人都這麼做》一書中學到的教訓，避開這個陷阱，可以幫你更快達到財務自由的目標。

在這一章前面，我舉出的第二個主張說時間本身就是一種財富的形式，根據這個說法，今日你要怎麼投資你的貨幣、你現在的財富？你看，我覺得「時間就是金錢」的迷思讓我們把珍貴的時刻轉為商品——像股票或貴金屬一樣，可以在市場上交易。以純粹的財務觀點來看時間，無法為全能美元效勞的每一分鐘都浪費掉了。

然而，再回到「以終為始」的想法，金錢本身不應該是終點。終點是我們以為金錢會帶來的東西——金錢會給我們的感受。以那個終點為重心，就有可能不是用你的時間為全能的美元效勞，而是朝著真實的目標前進。你或許也會很驚訝，要朝著這個終點推進，根本不需要金錢！

此處的重點不是說金錢很罪惡；金錢有其必要性。教育孩子、付房貸和車貸、為重視的慈善機構提供資金、與配偶約會的花費，以及其他許多我們需要和享受的東西，都會用到錢。我們不需要質疑金錢本身好不好。應該說，這是我們在時間與金錢之間製造的權衡，我們必須質疑、必須察覺，並確保能符合真實的優先順序。時間非常寶貴，千萬不要無意識地用掉。

暢銷書《一念之轉》（*Loving What Is*）的作者拜倫·凱蒂介紹了她所謂的「翻轉」（turnaround），因此聲名大噪。這個技巧翻轉信念系統，看看信念陳述的反面是否誠然比原本的信念陳述更真實，幫我們看到這些錯誤的信念系統在說什麼謊話。舉例來說，我可以寫下一個信念：「配偶讓我感到很挫折，因為她控制欲太強」，翻轉過來就是「我因為自己而感到挫折，因為我控制欲太強」。喜歡別人直呼其名的凱蒂用這個極度高效的技巧，在許多人的生命中產生極大的轉變。好，如果翻轉「時間就是金錢」這個信念，會是什麼樣？金錢就是時間。「金錢就是時間」這個信念有可能比「時間就是金錢」的信念更真實嗎？來測試那個假設吧。

有一個很出色的人將一生都奉獻給這項假設的真理，他叫作喬・杜明桂（Joe Dominguez）。他的事業從華爾街開始，透過努力工作及精明的投資，喬才三十歲就可以退休了。雖然他非常成功，但在華爾街看到眾人對全能美元不顧後果的追求，令他感到幻滅，開始質疑數百萬人在個人及專業生活中為得到金錢而付出的代價。在他看來，這個欲望似乎沒有上限。金錢遊戲唯一的目標就是得到愈來愈多錢，看不到止境。

喬開始舉辦研討會，題目是「用金錢轉化人際關係，並達成財務獨立」。他的研討會大獲好評，後來他與薇琪・魯賓（Vicki Robin）合寫了《跟錢好好相處》（*Your Money or Your Life*）一書，集成研討會的內容。這本書現在是金融界前所未有的經典作品，我衷心推薦。絕對不像你接觸過的金融書籍——也會完全改變你對金錢的看法。

喬的中心主張是他對金錢的定義，已經轉化許多人對金錢的觀點。他的定義說：金錢是我們用生命能量抵換而來的東西。喬認為金錢不是單純的抽象概念或符號，也不是如東尼・羅賓斯說的「一張紙，上面有已經死去的名人」。金錢是一種抵換——我們用寶貴的生命能量換來的。賺更多的錢或花更多的錢，都代表相應地投資了更多的生命能量。

以這個陳述為出發點，喬扭轉了時間就是金錢的迷思——這個迷思導致數百萬人過得匆匆忙忙，把每一刻都用來製造利潤，希望能得到更多錢，買到美好的生活。根據這個原則，金錢代表一份生命能量——很珍貴的資源，每個人在出生時都會得到有限的能量，用掉了就沒了。對了解這種哲學的數百萬人來說，問題就不是：「我要賺多少錢才能買到最大的、最好的和最快的那些東西？」真正的問題是：「這個物品值得我付出這些生命能量嗎？」以本書的宗旨來說，問題可以寫成：「我對理想美好生活的想法是否值得投資十倍的生命能量來達成？」

現在就問你自己這個問題。從「金錢就是時間」的觀點來看，如果你了解喬・杜明桂的關鍵真相，你的美好生活是什麼模樣？你願意抵換嗎？有些人的答案會是響亮的「願意」——非常值得抵換。其他人可能就需要審視他們心中的美好生活，以符合他們願意做的抵換。沒有標準答案。只有不願意深思熟慮的人才有可能得出錯誤的答案。從這個新的觀點來看，金錢是非常重要的資源，不該無意識地花用。

最後，我們明白，金錢和時間其實是同一個硬幣的兩面，儘管本來以為不是同一個硬幣。或許，像我一樣，你會反省你的人生，突然察覺到在你住的地方，你的生活方式就是你的格林威治、你的卡美洛，最重要的事則是把生命能量的每一刻都用來欣賞你當下的生活。

28 隨時待命

頂層1%如何讓施予變成生活的方式

我相信，在每個人的生命裡，都有那麼一次，存在的意義及目的（也就是生命）具體變成了單一的時刻。量子物理學家用全像（hologram）的比喻來描述這個現象：全像投影的每個部分都含有整個影像所有的元素。同樣地，有多少次你在體驗、活動或人生中的某一刻停下來，從更廣闊的角度來看當下在做的事——在事件進行的中間反思這件事整體的重要性？

電影最能捕捉這些時刻，幫我們反省這些事的意義。我最喜歡的一個例子是《十二生笑》（*Cheaper by the Dozen*）的結尾，史提夫．馬丁坐在耶誕節的晚餐桌前，身邊是他的妻子與十二個孩子。切開火雞分給家人時，鏡頭在他臉上，他若有所思地笑著對自己說「太好了」——享受那個時刻，與家人在一起的喜悅就是萬事萬物的本質。

二〇〇四年夏天，我也有過這樣的時刻，一個永存在記憶中的時刻。我和妻子艾爾維亞帶著那時候還很小的三個孩子，開著我們的本田Odyssey迷你廂型車（也可說是臨時的住所吧）上路，花兩個星期的時間穿越美國。

我們已經上路兩天，從芝加哥到了維吉尼亞海灘（Virginia Beach），跟好朋友共度週末，接著又開始另一趟兩天的冒險（如果家有小小孩，你可以想像有多驚險了！）去拜訪佛羅里達州西棕櫚灘（West Palm Beach）的姻親。一整天下來，開了十一個小時的車，剛過了下午五點，再三十分鐘就可以到中途的喬治亞州薩凡納（Savannah）的飯店過夜，路上的車子突然停了下來。大家車頭抵著車尾，塞了快一個小時，一名卡車司機告訴我們，東岸的主要州際公路I-95上發生嚴重車禍，最後我們必須從快速道路改道另一條高速公路。

四線道高速公路上的車子全都被趕上單線道的出口，朝著繞行的高速公路前進，在出口會車時，我特別注意到旁邊一台Jeep Grand Cherokee，駕駛對著我揮手，讓我開到他前面。我也揮揮手，並繼續前進。到了出口坡道的末端，指揮交通的警察指示我們前面的幾輛車通過十字路口。我們跟著隊伍穿過高速公路，來到高速公路的另一側。

接下來發生的事感覺很漫長，其實只有一瞬間，我合乎禮儀地向左掃了一眼，卻看到一輛巨大的皮卡車全速衝向我的車窗。我倒向妻子，大叫所有人抓好，卡車撞上了我的車門，廂型車發出刺耳的聲音，在高速公路上橫移了六公尺。接下來，我也記不清完整的過程了，抓住妻子的手，立刻往車子後座一看，三個孩子滿臉驚恐，但好好地綁著安全帶。女兒和妻子抓著我大哭，不知道我是否失去了意識。我的身體感覺不到疼痛，可是腦袋一片空白。那時我低頭一看，看到血流下了手臂和臉頰，上面扎著玻璃碎片。

接下來的事件都充滿驚奇。有人撬開我的車門，在我面前打了幾個響指。是禮貌讓路的Jeep Grand Cherokee駕駛，他正好也是醫生，在佛羅里達州蓋恩斯維爾（Gainesville）的醫院裡服務。他幫我做了檢查，也花時間檢查我的妻子和三個小孩，宣布他們沒有問題，之後急救人員也到了。那名醫生陪了我們一個多小時。

然後是那個把車停在我們旁邊的男子，他抱抱我跟我的妻子，問我們要不要喝水。我還沒來得及反應，他已經去店裡買了五瓶冰水過來，又問還有什麼地方需要幫忙。再來是道路救援服務的人，他把車拖回去的時候帶上了我的太太和小孩，又找朋友開車載我，後來花了兩個多小時陪我們，鼓勵我們繼續度假，我和妻子恢復正常的時候，他帶我們的孩子在他的車廠裡逛了一圈。還有萬怡酒店的員工。我們找了幾十家運輸公司，都幫不上忙，他們找人把我們送回酒店，我們在房間裡休息的時候，派了至少四個人清乾淨我們的車子——更不用說還殷殷詢問我們恢復得怎麼樣。家人朋友也頻頻打電話和發電子郵件慰問，給我們支持和鼓勵，處處提供協助。

每次有人問起那次車禍的經過，我總會回答，雖然很駭人，卻是我和家人收過最深摯的祝福。在那一刻，我們見證施予展現出的強大力量，遠超過我們的想像。多年後，再提起當時的經過，我更確定我來到地球上的目的：如同在攸關命運的那一天接觸我和家人的那些人，我來，是為了施予。而且，我相信，你也為同樣的任務而來：你來到這裡，要施予你的才華和能力，最重要的是付出你的時間。你願意給予這些禮物的程度，與你達到頂層1%的速度成正比。說到成為頂層1%，最常見的誤解便是要到達頂峰，你必須是個愛錢如命的自戀狂。事實上，頂層1%大多數的人都一心一意要服務他人——不論是顧客、客戶、家人、朋友，還是範圍更廣的社群。我實在說不出比偉大的厄爾·南丁格爾更好的話：「生命中的報酬一定跟我們的服務成正比。」

然而，今日許多勵志書提到的施予都是交易的形式，但我對施予的看法不一樣。這種形式的施予大家應該常聽到，也就是因果。我給你東西，並明確希望你給我特定的回報。這是置身於外的施予，裝作對他人有興趣，事實上是整體策略的一環，要推進自己的目標。在這個模式中，你的施予出自策略，對象是可以幫你前進的人；你不一定會把施予當成生活方式——作為表達存在的方法。

從更寬廣的觀點來看我們的意外，我可以看得出施予不光是關於你和我，而是更崇高的「神聖謀略」，以推動人類前進。你可以這麼想。如果我要給小孩一個禮物或我的協助，你可能會想到我對那個小孩伸出手，把東西放進他手裡，或牽著他的手，引導他去特定的目的地。但上帝怎麼對我們伸出手？上帝用什麼方式施予協助？透過彼此。每一個人，集合起來，透過努力將才華、能力與時間貢獻給其他人，每一個人都是上帝的手臂、手掌和手指，在困難的時候伸出手來引導其他人。對，我們都屬於神聖的謀略。

如果真是這樣，你就能明白，我們需要不同的施予模式，而不是剛才提到的交易模式。受到召喚要給別人東西時，或許我們正分身乏術。對他人的善行能帶來什麼好處，我們可能無法馬上看清。確實，在某些情況下，可能在短期內要付出金錢或體力。我想提議的模式叫作隨時待命（total availability）。很多年前，我在神學院研究天主教神職時發現了這個概念。當時已婚又有三個小孩的我顯然為生命選擇了不同的道路。然而，在神學院接受教育，以及實踐重視紀律的生活方式，對我來說當然同時具備專業上和心靈上的寶貴價值。而隨時待命的概念雖然反文化，在我學過的概念中可說是最深奧的。這個概念的教導是每個人都有上帝召喚我們去完成的命運。透過謹慎的辨別和反省，我們的責任是決定那個命運是什麼，在追尋那個命運時隨時空出時間給上帝和其他人。

這個概念會如此反文化，關鍵在於召喚我們的命運可能不是我們想要追求的命運。的確，在幾個能選擇的選項中，或許是最不討喜的。然而，仔細辨認自己的天賦，並辨別這些才能是否符合社群的需要，我們就能選擇更高的利益，在社群最需要我們的地方貢獻自己。因此，隨時待命、沒有限定的想法甚至並非出自自身的意願。再回到手的比喻，交易模式的表現方式是握得緊緊的拳頭把禮物放到別人的手裡，隨時待命的模式則是伸長的手臂與打開的手掌，等著有需要的時候就提供協助。

雖然看似抵觸自我決定的想法，可是我相信這個想法應該是當前的主流。「成為第一名」的咒語不斷出現在廣告、勵志書和事業成功手冊裡，大家都聽膩了；或說你該把時間留給正確的人際網絡，找到能幫忙推進事業的人，同時讓自己離開不在同一條快速成功道路上的人。

朋友們，這種原則終究會讓你變得寂寞而孤立。在出車禍那個攸關命運的日子，開在我們後面的醫生如果只是投以關懷的目光，然後就把車開走，就不必麻煩了。他名下有自己的病人，從那些人身上直接獲益，而我們不是他的病人。開卡車的當地人也不需要跑去商店，幫自己不認識的人買水。萬怡酒店的員工即使不在半夜幫我們拿行李並不時詢問我們的狀況，也不會被挑毛病——那絕對不在他們正式的工作內容裡。我們太幸運了，上帝的手碰到了我們，那隻手由好幾個人組成，他們隨時待命，願意貢獻給來自芝加哥的這一家人。

我要說的很簡單：在你自己的生活中練習隨時待命概念。讓自己成為對別人伸出的那隻手，見證這樣的力量。加入神聖謀略的俱樂部。

但是，你可能會問，我為什麼要費這種心？對我有什麼好處？史考特・派克（M. Scott Peck）是我很喜歡的作家，用他的話來說，如果你問了上面的問題，或許你還不夠了解喜悅的意義。

29

走出新路

加入頂層1%所需的勇氣

我熱愛歷史上有見識的人提供的經典引言。事實上，我認為每個人都應該收集有意義的引言和詩句，把這個藏寶箱放在隨手可得的地方，生命中碰到挑戰或情緒特別激動時就能派上用場。美國哲學家愛默生（Ralph Waldo Emerson）的一句引言就讓我受用無窮。

這句話說：「別跟著道路前進的方向，而是走向沒有路的地方，並走出新路。」這句引言太棒了，正好用來為本書的最後一章做好準備。在你即將踏上頂層1%的旅程時，我思索著最後要給你什麼訊息，我發現，每個嚮往成為成功領袖的人都必須發展這個個性的特質：勇氣。從各方面來看，愛默生的核心訊息就呈現了勇氣的本質。大多數人從小到大，學到的勇氣定義可能是這樣：任憑內心有多恐懼，仍願意堅持，持續走向值得的目標。人生第一次跳下跳板的孩子；第一次對董事會做簡報的年輕主管；在醫院產下頭胎並開始養育孩子的母親。以最簡單的形式來說，這些當然是勇敢的行為。

但年紀漸長，愈來愈有經驗後，個人就更有可能要面臨勇氣另一個更複雜的形式。這種形式的勇氣要你闖出新的道路，而不是勇氣十足地在現有的路徑上前進。人生來到這一點的時候，你要竭力讓你的原創性閃閃發光，不論是事業、人際關係、政治觀點、教養方式或人生哲學，你再也不覺得能恰好融入預定的類別裡。

我記得生命中有些很不一樣的時刻，我碰到這樣的頓悟——我發覺我走的再也不是已經開闢好的道路。我記得我覺得自己再也不能貼上民主黨或共和黨的標籤，察覺自己採納了雙方的各種觀點，很驕傲地自稱是「激進的溫和派」。我記得第一次因為美國文化中對成功的定義而感到困擾，這個定義過度歌頌賺大錢的人，卻忽略了出類拔萃的父母，他們養育出有愛且性格健全的孩子。我記得靈性生活出現的危機，也就是一些神學家口中的「靈魂暗夜」，那時我不得不重新檢驗我很重視的信念，彙整出真正屬於我的信念。

我相信，你們也碰過這樣的時刻。不一定是在清醒的瞬間發生的事情，但就像秋天從橡樹上落下的葉子，在反思的時候，可能會注意到在生活的幾個領域中，你已經從綠色轉為金黃色。

因著愛默生那句偉大引言的啟發，我建議你要盡量鼓起勇氣，在生活中多方嘗試走出新路。我很幸運能寫這本書，藉以把更有人性、更複雜的成功觀點傳達給想在業務上和生活中成為有影響力領袖的人，也就是頂層1%的成員，鼓勵大家走出一條路給其他人，再小也沒有關係。但我在這條路上還有很長的距離要走，在其他許多我提到的領域也一樣，我才剛踏上我的旅程。

你呢？在生活的哪些領域中，你發現你的顏色已經變了？與父母、同事或整個社會給你的傳統路徑相比，你有哪些獨特和不一樣的地方？你要如何開始走出新的道路，「公開上市」你的獨特性？有些人覺得走出新路就是創業成為企業家，來滿足其他業務目前還無法滿足的需求。有些人則覺得走出新路就是積極參與社群事務，幫忙轉化當地的教育系統。還有一些人覺得走出新路就是在人際關係中終究要對伴侶或好朋友說出他們真正的信念，與真正的身分。

這樣的行為需要極大的勇氣，因為不走傳統的路，就是違反常理——不與眾人站在一起。然而，報酬會遠超過付出的努力。因為走出新路，表示變得成熟，進入全新的存在層次，超越對快樂的持續追趕，進入更深層、更豐厚且更令人滿足的喜悅體驗。

在結束前，我想再從我的藏寶箱裡拿出另一篇偉大的引言。這是吉卜林（Rudyard Kipling）的經典詩作，他的創作內容就是這些勇敢的人，選擇不走傳統的道路。這首詩是父親對兒子說的話，但訊息不論男女都適用。

如果

如果周圍所有的人都失去理智，將罪責
歸咎於你，而你還能保持鎮靜；
如果所有人都懷疑你，但你能信任自己，
且也容許他們的懷疑；

如果你能等待，且不因等待而疲憊。
蒙受虛假的批評時，不要耽溺於謊言，
遭人痛恨時，不要讓路給恨意，
但也不要看起來太好或說太有智慧的話：
如果有夢——不要讓夢變成你的主宰；
如果可以思考——不要讓思緒變成你的目標；
如果可以遇見勝利與災難
並同等對待這兩種冒名頂替者；
如果願意聽見你說出的真相
被扭曲成謊言來陷害傻瓜，
或看著你奉獻一切的事物破碎，
彎下腰去，用磨損的工具修補它們：
如果能把你贏得的堆在一起
並冒險把全部壓在一局擲硬幣遊戲上，
輸了，再從頭開始

並再也不提你輸掉的那件事；
如果你能逼著自己的心和神經和肌腱
在死去許久後為你發揮效用，
在你一無所有時堅持住
除了對它們說「堅持住」的意志：
如果你能與群眾對談，並保住你的善，
或與王者同行——也不失掉親民作風；
如果敵人與愛你的朋友都無法傷害你；
如果所有人都依賴你，但不會太過依賴；
如果能用價值等於六十秒的長跑
填滿無情的一分鐘，
地球與其中的一切都是你的，
還有，兒子，你會變成頂天立地的男人！
來吧，繼續前進，一路朝著頂層1％邁進！

頂層1%的致富秘訣/丹.斯特魯策爾(Dan Strutzel)作；嚴麗娟譯. -- 初版. -- 臺北市：春天出版國際文化有限公司, 2025.02
面 ； 公分. -- (Progress ; 40)
譯自：The Top 1%：Habits, Attitudes & Strategies for Exceptional Success
ISBN 978-626-7637-30-2(平裝)

1.CST: 職場成功法 2.CST: 高階管理者 3.CST: 工作心理學

494.35 114000360

頂層1%的致富秘訣

The Top 1%

Progress 40

作　　者◎丹・斯特魯策爾
譯　　者◎嚴麗娟
總 編 輯◎莊宜勳
主　　編◎鍾靈
出 版 者◎春天出版國際文化有限公司
地　　址◎台北市大安區忠孝東路4段303號4樓之1
電　　話◎02-7733-4070
傳　　真◎02-7733-4069
E－mail◎frank.spring@msa.hinet.net
網　　址◎http://www.bookspring.com.tw
部 落 格◎http://blog.pixnet.net/bookspring
郵政帳號◎19705538
戶　　名◎春天出版國際文化有限公司
法律顧問◎蕭顯忠律師事務所
出版日期◎二〇二五年二月初版
定　　價◎340元

總　經　銷◎楨德圖書事業有限公司
地　　　址◎新北市新店區中興路2段196號8樓
電　　　話◎02-8919-3186
傳　　　真◎02-8914-5524
香港總代理◎一代匯集
地　　　址◎九龍旺角塘尾道64號 龍駒企業大廈10 B&D室
電　　　話◎852-2783-8102
傳　　　真◎852-2396-0050

ISBN 978-626-7637-30-2
Printed in Taiwan